中等职业学校机电类规划教材

专业基础课程与实训课程系列

维修电工与实训

—— 中 级 篇

周德仁　主　编

人民邮电出版社

北　京

图书在版编目（CIP）数据

维修电工与实训．中级篇 / 周德仁主编．—北京：人民邮电出版社，2006.6（2018.7 重印）
中等职业学校机电类规划教材．专业基础课程与实训课程系列

ISBN 978-7-115-14441-6

Ⅰ．维… Ⅱ．周… Ⅲ．电工—维修—专业学校—教材 Ⅳ．TM07
中国版本图书馆 CIP 数据核字（2006）第 029818 号

内 容 提 要

根据中级维修电工国家标准及中级维修电工的实际技能要求，本教材涵盖了电工仪表、低压电器、电动机基本控制电路及维修、机床控制电路原理与维修、电力整流与逆变电路、PLC 简单编程控制等内容。根据生产需要，部分内容略高于中级维修电工标准。其中电力整流与逆变电路、PLC 简单编程控制为选学内容。

本书可作为中等职业学校电子类、机电类各专业教材，也可供培训考证教材与维修电工的参考书。

中等职业学校机电类规划教材
专业基础课程与实训课程系列

维修电工与实训——中级篇

♦ 主　编　周德仁
　责任编辑　张孟玮

♦ 人民邮电出版社出版发行　　北京市丰台区成寿寺路 11 号
　邮编　100164　电子邮件　315@ptpress.com.cn
　网址　http://www.ptpress.com.cn
　北京鑫正大印刷有限公司印刷

♦ 开本：787×1092　1/16
　印张：13.75　　　　　　　2006 年 6 月第 1 版
　字数：324 千字　　　　　2018 年 7 月北京第 18 次印刷
　　　ISBN 978　115-14441-6/TN

定价：22.00 元
读者服务热线：(010)81055256　印装质量热线：(010)81055316
反盗版热线：(010)81055315

中等职业学校机电类规划教材

专业基础课程与实训课程系列教材编委会

丛书前言

我国加入 WTO 以后，国内机械加工行业和电子技术行业得到快速发展。国内机电技术的革新和产业结构的调整成为一种发展趋势。因此，近年来企业对机电人才的需求量逐年上升，对技术工人的专业知识和操作技能也提出了更高的要求。相应地，为满足机电行业对人才的需求，中等职业学校机电类专业的招生规模在不断扩大，教学内容和教学方法也在不断调整。

为了适应机电行业快速发展和中等职业学校机电专业教学改革对教材的需要，我们在全国机电行业和职业教育发展较好的地区进行了广泛调研；以培养技能型人才为出发点，以各地中职教育教研成果为参考，以中职教学需求和教学一线的骨干教师对教材建设的要求为标准，经过充分研讨与论证，精心规划了这套《中等职业学校机电类规划教材》，第一批教材包括三个系列，分别为《专业基础课程与实训课程系列》、《数控技术应用专业系列》、《模具设计与制造专业系列》。

本套教材力求体现国家倡导的"以就业为导向，以能力为本位"的精神，结合职业技能鉴定和中等职业学校双证书的需求，精简整合理论课程，注重实训教学，强化上岗前培训；教材内容统筹规划，合理安排知识点、技能点，避免重复；教学形式生动活泼，以符合中等职业学校学生的认知规律。

本套教材广泛参考了各地中等职业学校的教学计划，面向优秀教师征集编写大纲，并在国内机电行业较发达的地区邀请专家对大纲进行了多次评议及反复论证，尽可能使教材的知识结构和编写方式符合当前中等职业学校机电专业教学的要求。

在作者的选择上，充分考虑了教学和就业的实际需要，邀请活跃在各重点学校教学一线的"双师型"专业骨干教师作为主编。他们具有深厚的教学功底，同时具有实际生产操作的丰富经验，能够准确把握中等职业学校机电专业人才培养的客观需求；他们具有丰富的教材编写经验，能够将中职教学的规律和学生理解知识、掌握技能的特点充分体现在教材中。

为了方便教学，我们免费为选用本套教材的老师提供教学辅助光盘，光盘的内容为教材的习题答案、模拟试卷和电子教案（电子教案为教学提纲与书中重要的图表，以及不便在书中描述的技能要领与实训效果）等教学相关资料，部分教材还配有便于学生理解和操作演练的多媒体课件，以求尽量为教学中的各个环节提供便利。

我们衷心希望本套教材的出版能促进目前中等职业学校的教学工作，并希望能得到职业教育专家和广大师生的批评与指正，以期通过逐步调整、完善和补充，使之更符合中职教学实际。

欢迎广大读者来电来函。

电子函件地址：guojing@ptpress.com.cn, wangping@ptpress.com.cn

读者服务热线：010-67143761, 67132792, 67184065

编者的话

本书是根据中级维修电工国家标准编写的。书中理论部分做到了浅化、易懂、叙述简明。根据中等职业学校的培养目标，本书对技能训练与提高特别重视，达到本书的学习目标后，可以通过中级维修电工的认证，掌握维修电工的生产技能，到工厂就能顶岗上班。

为了便于教学，本书制作了配套教学课件与教学资料，内容有"电子教案"，"实习报告"，"五套中级维修电工应知应会参考试卷"等，可以在人民邮电出版社网站（www.ptpress.com.cn）下载区下载。本教材的每一项目后附有思考与练习，每一操作分析中有技能训练，每完成一个任务后，都应做一份实习报告。

本书的编写结构适合技能的培养，理论课与实训课的比例为1∶2左右。为了提高教学效果，建议采用理论与实训一体化教学模式或者采用项目教学模式，边讲理论，边进行实践操作。如讲授交流接触器的结构与工作原理时，可以先让学生拆开交流接触器，然后再讲结构与原理，最后再进行安装与维修实训。讲授其他内容时，教法也基本与此类似。

本书在内容方面，新增了电力电子变频技术及PLC编程控制等，这主要考虑了学生在今后的工作中会遇到这些新知识、新技术的应用实例。当学生掌握了这些高新技术的初步知识后，便于他们在生产工作中继续学习，继续发展。

本书的项目一、二、三由南京莫愁职教中心熊伟老师与海洲职教中心姜君修老师编写；项目四、七由南京六合职教中心李传珊老师与南京江宁职教中心叶金鑫老师编写；项目五、六由南京下关职教中心周德仁老师编写。周德仁老师任主编，熊伟、叶金鑫老师任副主编，南京广播电视大学下关分校的邵萍老师任主审。同时审稿的还有江苏常州刘国钧高等职业技术学校周惠文老师，作者在此表示感谢。建议本书讲授144学时，有关内容课时分配见下表。

建议教学课时分配表

项 目	课 程 内 容	讲 授	实 训	复习与评价
一	电能的测量	3	7	
二	电动机	5	5	
三	低压电器	3	5	
四	电力整流与逆变电路	6	8	
五	电动机常用控制电路的原理、安装与维修	8	44	2
六	机床电路综合实训	6	30	
七	PLC 可编程控制器简介	4	6	2

由于编者水平有限，书中难免有不妥之处，恳望广大读者多提宝贵意见。

编者
2006 年 1 月

目　录

维修电工与实训——中级篇

电能的测量

本项目主要内容有电流、电压、功率、电能等常用电量的测量。要求掌握电流表、电压表、万用表、功率表、电能表、兆欧表的使用方法，会正确测量电流、电压、功率与电能等常用电量。

知识目标

- 掌握电流表与电压表的选择与电流、电压的测量方法。
- 了解数字式万用表的外形结构，掌握数字式万用表的使用方法。
- 了解功率表与电能表的结构、工作原理。
- 了解钳形表与兆欧表的用途、结构和工作原理。

技能目标

- 熟练掌握电流、电压及电阻的各种测量方法。
- 掌握功率与电能的测量方法。
- 掌握钳形表的使用与绝缘电阻的测量方法。

在电能测量中，测量的电量主要有电流、电压、电阻、电能、电功率和功率因数等，测量这些电量所用的仪器仪表，统称为电工仪表。在电气测量中除了要了解电工仪表的分类、性能特点，以便合理选择和使用仪表外，还必须采用正确的测量方法和掌握电气测量的操作技术。

任务一 电流表、电压表和万用表的使用

电流表和电压表是进行电流、电压及相关物理量测量的常用电工仪表，为了保证测量精度，减小测量误差，应合理选择仪表的结构类型、测量范围、精度等级、仪表内阻等，还须采用正确的测量方法。

基础知识

➤ 知识链接1 电流表与电压表的选择

1. 仪表类型的选择

被测电量可分为直流电量和交流电量。对于直流电量的测量，广泛选用磁电系仪表。对

于正弦交流电量的测量，可选用电磁系或电动机系仪表。

2．仪表精度的选择

仪表精确度的选择，要从测量的实际需要出发，既要满足测量要求，又要本着节约的原则。通常 0.1 级和 0.2 级仪表用作标准仪表或在精密测量时选用，0.5 级和 1.0 级仪表作为实验室测量选用，1.5 级、2.5 级和 5.0 级仪表可在一般工程测量中选用。

3．仪表量程的选择

如果仪表的量程选择得不合理，标尺刻度得不到充分利用，即使仪表本身的准确度很高，测量误差也会很大。为了充分利用仪表的准确度，应尽量按使用标尺的后 1/4 段的原则选择仪表的量程。

4．仪表内阻的选择

为了使仪表接入测量电路后不至于改变原来电路的工作状态，要求电流表或功率表的电流线圈内阻尽量小些，并且量程越大，内阻应越小；而要求电压表或功率表的电压线圈内阻尽量大些，并且量程越大，内阻应越大。

选择仪表时，对仪表的类型、精度、量程、内阻等的选择要综合考虑，特别要考虑引起较大误差的因素。除此之外，还应考虑仪表的使用环境和工作条件等。

> **知识链接 2　电流表与电压表的使用**

电流表和电压表除了用于直接测量电路中的电流和电压外，还可以间接测量其他一些相关物理量，如直流电功率和直流电阻等。

当用电流表测量电路中的电流时，应将仪表与被测电路串联；而用电压表测量电路中的电压时，应将仪表与被测电路并联；测量直流电流或直流电压时，须区分正负极性，仪表的正端应接线路的高电位端，负端应接低电位端，如图 1.1 所示。

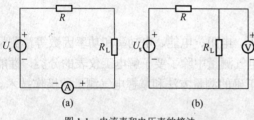

图 1-1　电流表和电压表的接法
（a）电流表的连接　（b）电压表的连接

仪表在测量之前除了要认真检查接线无误外，还必须调整好仪表的机械零位，即在未通电时，用螺丝刀轻轻旋转调零螺钉，使仪表的指针准确地指在零位刻度线上。

使用电流表和电压表进行测量时，必须防止仪表过载而损坏仪表。在被测电流或电压值未知的情况下，应先选择较大量程的仪表进行测量，若测出被测值较小，再换用较小量程的仪表。

> **知识链接 3　万用表的外形结构**

万用表是一种可以测量多种电量，具有多种量程的便携式仪表。一般情况下，万用表主要用来测量直流电流、交直流电压和电阻。有的万用表还能测量交流电流、电感、电容、晶体管的 h_{FE} 值等。常用的万用表有模拟式和数字式两种。本章以生产实际中应用较广泛的 DT-830 型万用表为例，介绍数字式万用表的结构与使用方法等。

DT-830 型数字式万用表的面板如图 1.2 所示，前面板包括液晶显示器、电源开关、量程开关、h_{FE} 插座、输入插孔等，后面板装有电池盒。

1．液晶显示器

该表采用 FE 型大字号 LCD 显示器，最大显示值为 1 999 或−1 999。该表还具有自动调零和自动显示极性功能，测量时若被测电压或电流的极性为负，则在显示值前将出现"−"号。当仪表所用的电源电压（9V）低于 7V 时，显示屏左上方将显示箭头方向，提示应更换电池。若输入超量程，显示屏左端显示"1"或"−1"的提示符号。小数点由量程开关进行同步控制，使小数点左移或右移。

2．电源开关

在量程开关左上方标有"POWER"字样的开关即电源开关。若将此开关拨到"ON"，表示接通电源，即可使用。使用完毕应将开关拨到"OFF"位置，以免空耗电池。

3．量程开关

它位于面板中央。如图 1.2 所示的 DT-830 型数字式万用表面板图的量程开关为 6 刀 28 掷转换开关，提供 28 种测量功能和量程，供使用者选择。若使用表内蜂鸣器做线路通断检查时，量程开关应放在标有"·)))"的挡位上。

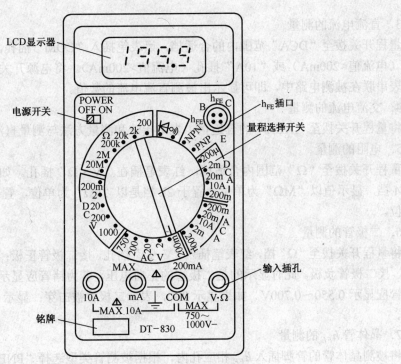

图 1.2　DT−830 型数字式万用表面板图

4．h_FE 插座

该插座采用四眼插座，旁边分别标有字符 B、C、E。其中 E 孔有两个，在内部连通。测量时，应将被测晶体管 3 个极对应插入 B、C、E 孔内。

5．输入插孔

输入插孔共有 4 个，位于面板下方。使用时，黑表笔插在"COM"插孔，红表笔则应根据被测量的种类和量程不同，分别插在"V·Ω"、"mA"或"10A"插孔内。

使用时应注意：在"V·Ω"与"COM"之间标有"MAX750V～，1 000V—"的字样，表示从这两个孔输入的交流电压不得超过 750V（有效值），直流电压不得超过 1 000V。另外，在"mA"与"COM"之间标有"MAX200mA"，在"10A"与"COM"之间标有"MAX10A"，分别表示在对应插孔输入的交、直流电流值不得超过 200mA 和 10A。

6. 电池盒

电池盒位于后盖下方。为便于检修，起过载保护的 0.5A 快速熔丝管也装在电池盒内。

> **知识链接 4　万用表的使用方法**

1. 直流电压的测量

将红表笔插入"V·Ω"插孔，黑表笔插入"COM"插孔，量程开关置于"DCV"的适当量程。将电源开关拨至"ON"位置，两表笔并联在被测电路两端，显示屏上就显示出被测直流电压的数值。

2. 交流电压的测量

将量程开关拨至"ACV"范围内的适当量程，表笔接法同上，测量方法与测量直流电压相同。

3. 直流电流的测量

量程开关拨至"DCA"范围内的合适挡，黑表笔插入"COM"插孔，红表笔插入"mA"插孔（电流值<200mA）或"10A"插孔（电流值>200mA）。将电源开关拨至"ON"位置，把仪表串联在被测电路中，即可显示出被测直流电流的数值。

4. 交流电流的测量

将量程开关拨至"ACA"的合适挡，表笔接法和测量方法与测量直流电流相同。

5. 电阻的测量

量程开关拨至"Ω"范围内合适挡，红表笔插在"V·Ω"插孔。如量程开关置于 20M 或 2M 挡，显示值以"MΩ"为单位，置于 2k 挡是以"kΩ"为单位，置于 200 挡是以"Ω"为单位。

6. 二极管的测量

将量程开关拨至"Ω"挡，红表笔插入"V·Ω"插孔，接二极管正极；黑表笔插入"COM"插孔，接二极管负极。此时显示的是二极管的正向电压，若为锗管应显示 0.150～0.300V；若为硅管应显示 0.550～0.700V。如果显示 000，表示二极管被击穿；显示 1，表示二极管内部开路。

7. 晶体管 h_{FE} 的测量

将被测晶体管的管脚插入 h_{FE} 相应孔内，根据被测管类型选择"PNP"或"NPN"挡位，电源开关拨至"ON"，显示值即为 h_{FE} 值。

8. 线路通、断的检查

量程开关拨至"·)))"蜂鸣器挡，红表笔插入"V·Ω"插孔，黑表笔插入"COM"插孔，若被测线路电阻低于规定值（20±10Ω），蜂鸣器发出声音，表示线路接通。反之，表示线路不通。

> **知识链接 5　使用数字式万用表的注意事项**

使用数字式万用表应注意如下事项。

（1）使用数字式万用表之前，应仔细阅读使用说明书，熟悉面板结构及各旋钮、插孔的作用，以免在使用中发生差错。

（2）测量前，应校对量程开关位置及两表笔所插的插孔，无误后再进行测量。

（3）测量前若无法估计被测量大小，应先用最高量程测量，再视测量结果选择合适的量程。

（4）严禁测量高压或大电流时拨动量程开关，以防止产生电弧，烧毁开关触点。

（5）当使用数字式万用表电阻挡测量晶体管、电解电容等元器件时，应注意，红表笔接"V·Ω"插孔，带正电；黑表笔接"COM"插孔，带负电。这点与模拟式万用表正好相反。

（6）严禁在被测电路带电的情况下测量电阻，以免损坏仪表。

（7）为延长电池使用寿命，每次使用完毕应将电源开关拨至"OFF"位置。长期不用的仪表，要取出电池，防止因电池内电解液漏出而腐蚀表内元器件。

 操作分析 电流表、电压表和万用表的使用

1．实训目的

学会电压表、电流表和数字万用表的使用方法，掌握电压、电流和电阻的测量技能。

2．实训器材

（1）工具 常用电工工具一套；

（2）仪表 多量程交流电压表、直流电压表、直流电流表、DT-830 型数字式万用表；

（3）器材 0～220V 交流调压器、0～30V 可调直流稳压电源、各种碳膜电阻。

3．实训方法

（1）交流电压测量。测量前，先在实训室总电源处接一个调压器，用来改变工作台上插座盒的交流电压，以供测量使用，由实训指导教师调节测量电压。

使用交流电压表和万用表分别进行测量，将交流电压测试数据填入表 1.1 中。

（2）直流电压测量。按图 1.3 所示电路，把电阻连接成串、并联网络，a、b 两端接在可调直流稳压电源的输出端上，输出电压酌情确定。用直流电压表和万用表分别测量串、并联网络中两点间的直流电压，将直流电压测量数据填入表 1.2 中。

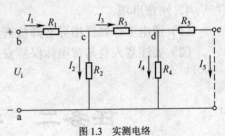

图 1.3 实测电络

（3）直流电流测量。在串、并联电阻网络各支路中逐次串入直流电流表和万用表，分别测量各支路的直流电流，将直流电流测量数据填入表 1.3 中。

（4）直流电阻测量。使用万用表欧姆挡测量，并正确选择欧姆挡的倍率。先测量单个电阻的阻值，然后再测量串、并联电阻网络中两点间的电阻值。将直流电阻测量数据填入表 1.4 中。

表 1.1 　　　　　　　　　　　交流电压测量实训报告

测量次数	第 一 次		第 二 次		第 三 次		第 四 次		第 五 次	
使用仪表	电压表	万用表	电压表	万用表	电压表	万用表	电压表	万用表	电压表	万用表
仪表量程										
读数值/V										
两仪表差值										

表 1.2　　　　　　　　　　　　直流电压测量实训报告

电压测量	U_{ab}		U_{ac}		U_{ad}		U_{bc}		U_{cb}	
使用仪表	电压表	万用表	电压表	万用表	电压表	万用表	电压表	万用表	电压表	万用表
仪表量程										
读数值/V										
两仪表差值										

表 1.3　　　　　　　　　　　　直流电流测量实训报告

电流测量	I_1		I_2		I_3		I_4		I_5	
使用仪表	电压表	万用表	电压表	万用表	电压表	万用表	电压表	万用表	电压表	万用表
仪表量程										
读数值/mA										
两仪表差值										

表 1.4　　　　　　　　　　　　直流电阻测量实训报告

单个电阻	R_1	R_2	R_3	R_4	R_5	R_6	R_7	R_8
标称值								
欧姆挡倍率								
读数值/Ω								
两数值之差								
网络电阻	R_{ab}	R_{ac}	R_{ad}	R_{ae}	R_{bd}	R_{be}	R_{cb}	R_{ce}
欧姆挡倍率								
读数值（Ω）								

4．注意事项

（1）通电工作要经指导老师检查无误且在场的情况下进行。

（2）要注意人身与带电体保持安全距离，手不得触及带电部分。

任务二　功率与电能的测量

 **基础知识**

➤ 知识链接 1　功率测量

功率表大多数为电动机系结构，可以测量直流电路的功率，也可以测量正弦和非正弦交流电路的功率，而且准确度高，获得广泛应用。

功率表反映的是电压和电流的乘积，通常制成多量程。一般有两个电流量程，两三个电压量程。

1. 功率测量的方法

功率测量的线路和方法如表 1.5 所示。

表 1.5 功率测量的线路和方法

名　称	测　量　线　路	说明及注意事项
直流电路功率的测量	 电源　　　　　负载　　　R_V	接线时"发电动机机端"（符号）必须接到电源的同一极性上
单相交流电路功率的测量	$\dot{U}$　$\dot{I}_1$　$\dot{I}_2$　R_V　$\dot{I}$　R_L	1. 左图为电压线圈前接，用于 $R_L \gg R_V$ 2. 标有"·"号的电压端钮，可以接至电流端的任一端
单相交流电路功率的测量	$\dot{I}_1$　$\dot{U}$　$\dot{I}_2$　R_V　$\dot{I}$　R_L	1. 左图为电压线圈后接，用于 R_L 接近 R_V 时 2. 标有"·"号的电流端钮必须接至电源的一端，另一电流端钮接至负载端
三相交流电路功率的测量	三相三线制电路的接线	W_1　Z_1　W_2　Z_2　Z_3	电路总功率等于两个功率表读数的代数和 当负载 $\cos\phi < 0.5$ 时，则有一只功率表的读数为负值，即功率表反转
	三相四线制电路的接线	W_1　W_2　W_3	用 3 只单相功率表测得各相功率，电路总功率为 3 只功率表读数之和
	三相功率表测量时的接线	L_1 L_2 L_3　U V W / W　(a)　(b)	图（a）为直接接入电路的接法 图（b）为带有电流互感器接入电路的接法

2. 功率表的使用方法

功率表测量机构由固定线圈与可动线圈组成，接线时固定线圈（即电流线圈）与被测电路串联，可动线圈（即电压线圈）与被测电路并联。

（1）功率表的量程选择：功率表的量程选择包括电流量程的选择和电压量程的选择。选用的电压和电流量程要与负载电压和电流相适应，使电流量程能通过负载电流，使电压量程能承受负载电压。下面举例来说明量程的选择。

【例】 有一感性负载，功率约为 800W，电压为 220V，功率因数为 0.8，测量其功率，需要选择功率表的量程为多少?

解: 已知负载电压为220V,选用功率表的额定电压为250V或300V,而

负载电流 $I = P/U\cos\phi = 800W/220V \times 0.8 = 4.54A$

功率表的电流量程可选为5A

所以应选用额定电压为300V,额定电流为5A的功率表,其功率量程为1 500W。

如果选用额定电压为150V,额定电流为10A的功率表,其功率量程也为1 500W,但负载电压220V已超过功率表能承受的150V电压,故不能使用。

(2) 功率表的读数:便携式功率表一般都是做成多量程的。由于只有一条标尺,故通常在标尺上不标瓦特数,而标注分格数。被测电路的功率 P(W),应根据指针偏转的格数 N 和每格瓦特数 C 求出

$$P=CN$$

式中,C(W/格)又称功率表常数,其计算公式为

$$C=U_N I_N / \alpha_m$$

式中,U_N——功率表电压量程(V);

I_N——功率表电流量程(A);

α_m——功率表标尺的满刻度数。

(3) 功率表的接线:电动机系仪表转矩方向与两线圈的电流方向有关。因此,应规定一个能使指针正向偏转的电流方向,即功率表接线要遵守"同名端"守则。

"同名端"又称"电源端","极性端",通常用符号"·"或"±"表示,接线时应使两线圈的"同名端"接在同一极性上,以保证两线圈电流都能从该端子流入。按此原则,正确接线有两种方式,如图1.4所示,图中 R_L 为表头内电阻。

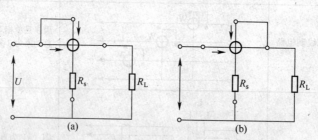

图1.4 功率表的正确接线
(a) 负载电流较小的电路 (b) 负载电流较大的电路

> **知识链接2 电能测量**

1. 电度(能)表测量原理

电度表也称电能表,俗称火表,是用来计量电气设备所消耗电能的仪表。测量交流电路的电能的多为感应系电度表,分为单相和三相及有功与无功电能表,其接入方式有直接和经互感器接入式,可分为单相电度表(如图1.5所示)和三相电度表。

电度表的结构原理如图1.6所示,它由电流线圈、电压线圈、铁心、铝盘、转轴、轴承和数字盘等组成。电流线圈串联于电路中,电压线圈并联于电路中。在用电设备开始消耗电能时,电压线圈和电流线圈产生主磁通穿过铝盘,在铝盘上感应出涡流并产生转矩,使铝盘

转动，带动计数器计算耗电的多少。用电量越大，所产生的转矩就越大，计量出用电量的数字就越大。

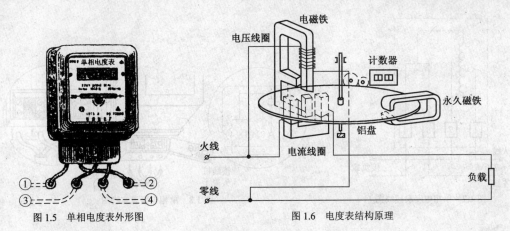

图 1.5 单相电度表外形图　　　　　　　图 1.6 电度表结构原理

2．（单相）电度表的规格

单相电度表可以分为感应式单相电度表和电子式电度表两种。目前，家庭大多数用的是感应式电度表。

感应式单相电度表有十几种型号，虽然其外形和内部元件的位置可能不同，但使用的方法及工作原理基本相同。其常用的额定电流有 2.5A、5A、10A、15A、20A 等规格。常见单相电度表的规格见表 1.6。

表 1.6　　　　　　　　　　　　　　　　单相电度表的规格

电度表安培数/A	2.5	5	10	15	20
负载总瓦数/W	550	1 100	2 200	3 300	4 400

3．（单相）电度表的选用

电度表的选用要根据负载来确定，也就是说所选电度表的容量或电流是根据计算电路中负载的大小来确定的。容量或电流选择大了，电度表不能正常转动，会因本身存在的误差影响计算结果的准确性；容量或电流选择小了，会有烧毁电度表的可能。一般应使所选用的电度表负载总瓦数为实际用电总瓦数的 1.25～4 倍。所以在选用电度表的容量或电流前，应先进行计算。例如：家庭使用照明灯 4 盏，约为 120W；使用电视机、电冰箱等电器，约为 680W；由此得

$$(120+680)\times1.25=900(W) \quad (120+680)\times4=3200(W)$$

因此选用电度表的负载瓦数应在 900～3 200W 之间。查表 1.6 可知，选用电流容量为 10～15A 的电度表较为适宜。

选用电度表时，除了要考虑电流容量之外，还要注意表的内在质量，特别要注意电度表壳上的铅封是否损坏。一般电度表在出厂前，对表的准确性要进行校验。检查合格后，对电度表的可拆部位做铅封，使用者不得私自将铅封打开。

4．（单相）电度表的接线与安装

选好单相电度表后，应进行检查、安装和接线。根据电度表型号不同，有两种接线方式。图 1.7 所示是交叉接线图，图中的 1、3 为进线，2、4 接负载，接线柱 1 要接相线（即火线），

这种电度表目前在我国最常见而且应用最多。为了直观，初学者可参照图 1.8 所示的实物图连接。另一种接线是顺入式，1、2 为进线，3、4 接负载，这种电度表不常使用。

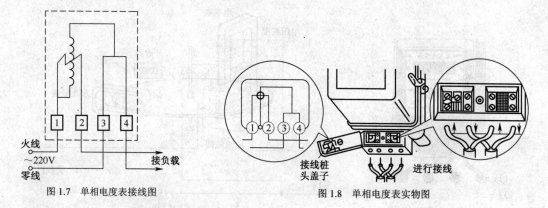

图 1.7　单相电度表接线图　　　　　　图 1.8　单相电度表实物图

 操作分析　**三相电路有功功率的测量**

1．实训目的

（1）熟悉单相功率表的结构、原理和使用方法。

（2）掌握用一表法、三表法测量三相负载功率的方法。

（3）熟悉单相电能表的构造，掌握其接线方法。

2．实训器材

（1）工具：常用电工工具一套。

（2）仪表：单相功率表三只，单相电能表一只。

（3）器材：单相开关一只、三相刀开关一只、灯泡（220V、100W）9 只，导线若干米。

3．实训方法

（1）用一表法测量三相对称负载的功率

① 按图 1.9 所示连接好实验线路。

② 将单相开关 SA 合上，再合上三相刀开关 QS，用一表法测量三相对称负载的功率，将测量结果填入下空：

功率表读数 P_1=_____，三相总功率 P=_____。

（2）三表法测量三相不对称负载的功率

① 按图 1.10 所示连接好实验线路。

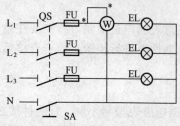

图 1.9　一表法测量三相功率

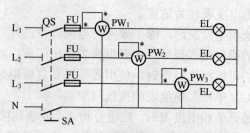

图 1.10　三表法测量三相功率

② 将单相开关 SA 合上，再合上三相刀开关 QS，用一表法测量三相对称负载的功率，将测量结果填入下空：

功率表读数 P_1=_____，P_2=_____，P_3=_____；

三相总功率 $P=P_1+P_2+P_3$=_____。

（3）单相电能表的接线

① 画出单相电能表的接线图。

② 按照接线图进行接线。接线应安全可靠，布局合理，安装符合从上到下、从左到右的要求。

③ 接线完毕，经检查无误后，在指导老师的监护下，进行通电实验。通电实验时，应注意使电能表面板与地面垂直放置。

（4）注意事项

① 通电工作要经指导老师检查无误且在场的情况下进行。

② 要注意人身与带电体保持安全距离，手不得触及带电部分。

③ 束实训，清理现场，将实验物品摆放整齐。

任务三　钳形电流表与兆欧表的使用

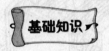

➤ 知识链接 1　钳形电流表

1. 钳形电流表工作原理

钳形电流表也是一种便携式电表，主要用在要求电路不断电的情况下，测量正在运行的电气电路中具有安培级电流。测量时只要将被测导线夹于钳口中，便可读出电流安培数。钳形表的原理结构如图 1.11 所示。

测量交流电流的钳形表实质上是由一个电流互感器和一个整流式仪表所组成的。被测载流导线相当于电流互感器的一次绕组，绕在钳形表铁心上的线圈相当于电流互感器的二次绕组。当被测载流导线夹于钳口中时，二次绕组便感应出电流，使指针偏转，指示出被测电流值。

测量交、直流电流的是一个电磁式仪表，放置在钳口中的被载流导线作为励磁线圈，磁通在铁心中形成回路，电磁式测量机构位于铁心的缺口中间，受磁场的作用而偏转，获得读数。因其偏转不受测量电流种类的影

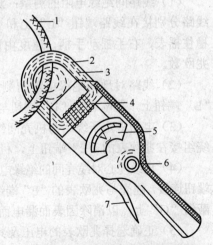

图 1.11　钳形表原理结构图
1—载流导线　2—铁心　3—磁通　4—线圈
5—电流表　6—改变量程的旋钮　7—扳手

响，所以可测量交直流。

2．钳形电流表的使用注意事项

（1）测量前，应检查仪表指针是否在零位，若不在零位，应调至零位。

（2）测量时应先估计被测量值的大小，将量程旋钮置于合适的挡位。若测量值暂不能确定，应将量程旋至最高挡，然后根据测量值的大小，变换至合适的量程。

（3）测量电流时，应将被测载流导线置于钳口的中心位置，以免产生误差。

（4）为使读数准确，钳口的两个面应接触良好。若有杂声，可将钳口重新开合一次。

（5）测量后一定要把量程旋钮置于最大量程挡，以免下次使用时，由于未经量程选择而损坏仪表。

（6）被测电流过小（小于 5A）时，为了得到较准确的读数，若条件允许，可将被测导线绕几圈后套进钳口进行测量。此时，钳形表读数除以钳口内的导线根数，即为实际电流值。

（7）不要在测量过程中切换量程。不可用钳形表去测量高压电路，否则要引起触电，造成事故。

➢ 知识链接2 兆欧表

1．兆欧表的结构

兆欧表又称摇表，是专用于检查和测量电气设备或供电线路的绝缘电阻的一种便携式仪表。它的计量单位是兆欧（MΩ）。兆欧表的种类很多，但其作用原理基本相同，常用的 ZC25 型兆欧表的外形如图 1.12 所示。

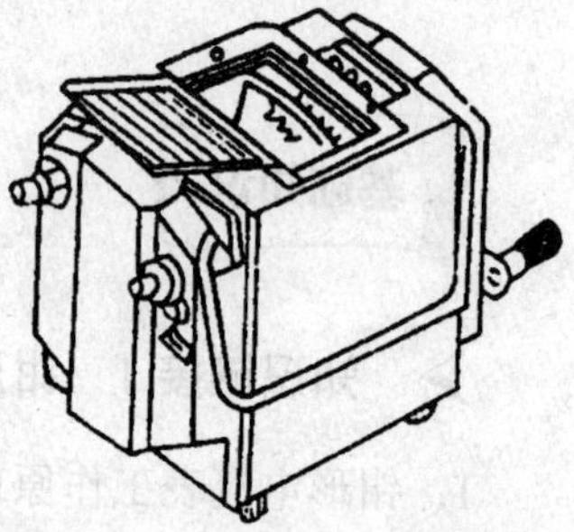

兆欧表主要由手摇发电动机机和磁电系电流比率式测量机构组成。手摇发电动机机的额定输出电压有 250V、500V、1kV、2.5kV、5kV 等几种规格。

2．兆欧表的使用方法

（1）线路间绝缘电阻的测量：测量前应使线路断电，被测线路分别接在线路端钮"L"上和地线端钮"E"上，用左手

图 1.12　兆欧表外形图

稳住摇表，右手摇动手柄，速度由慢逐渐加快，并保持在 120r/min 左右，持续 1min，读出兆欧数。

（2）线路对地间绝缘电阻的测量：测量前将被测线路断电，将被测线路接于兆欧表的"L"端钮上，兆欧表的"E"端钮与地线相连接，测量方法同上。

（3）电动机定子绕组与机壳间绝缘电阻的测量：在电动机脱离电源后，将电动机的定子绕组接在兆欧表的"L"端钮上，机壳与兆欧表的"E"端钮相连，测量方法同上。

（4）电缆缆心对缆壳间的绝缘电阻的测量：在电缆断电后，将电缆的缆心与兆欧表的"L"端钮连接，缆壳与兆欧表的"E"端钮连接，将缆心与缆壳之间的内层绝缘物接于兆欧表的屏蔽钮"G"上，以消除因表面漏电而引起的测量误差。

（5）正确选择兆欧表的电压及其测量范围。一般测量低压电气设备绝缘电阻时，可选用 0～200MΩ量程的仪表，测量高压电气设备或电缆时可选用 0～2 000MΩ量程的仪表。

3．兆欧表使用注意事项

（1）在进行测量前应先切断被测线路或设备的电源，并进行充分放电（约需 2～3min），

以保证设备及人身安全。

（2）在进行测量前应将与被测线路或设备相连的所有仪表和其他设备退出（如电压表、功率表、电能表及电压互感器等），以免这些仪表及其他设备的电阻影响测量结果。

（3）兆欧表接线柱与被测设备间的连接导线不能用双股绝缘线或绞线，应用单股线分开单独连接，避免因绞线的绝缘不良而引起测量误差。

（4）测量前应将兆欧表进行一次开路和短路试验，检查兆欧表是否良好。将 L、E 开路，摇动手柄，指针应立即指在"∞"处；将 L、E 短接，轻轻摇动手柄，指针应立即指在"0"处。则说明兆欧表是良好的，否则兆欧表不能用。

（5）测量电容器及较长电缆等设备绝缘电阻时，一旦测量完毕，应立即将"L"端钮的连线断开，以免兆欧表向被测设备放电而损坏仪表。

（6）测量完毕后，在手柄未完全停止转动及被测对象没有放电之前，切不可用手触及被测对象的测量部分及被拆线路，以免触电。

 操作分析 钳形电流表、兆欧表的使用

1．实训目的

学会使用钳形电流表测量线路电流和使用兆欧表测量电气设备的绝缘电阻。

2．实训器材

（1）工具：常用电工工具一套。

（2）仪表：MG24 型钳形电流表、500V 兆欧表。

（3）器材：三相电动机、双副边绕组电源变压器。

3．实训方法

按任务三所述方法和要求进行测量。

（1）使用 MG24 钳形电流表分别测量三相电动机和电源变压器原边电流，将电流测量数据填入表 1.7 中。

表 1.7 电流测量实训报告

测量电动机	U 相	V 相	W 相
读数值（A）			
量程			
测量变压器	原边		
读数值（A）			
量程			

（2）使用 500V 兆欧表分别测量三相电动机和电源变压器的绝缘电阻，将绝缘电阻测量数据填入表 1.8 中。

表 1.8 绝缘电阻测量实训报告

测量电动机	U 对 V	U 对 W	V 对 W	U 对外壳	V 对外壳	W 对外壳
读数值（MΩ）						
测量变压器	原边对副边 a	原边对副边 b	原边对铁心	副边 a 对铁心	副边 b 对铁心
读数值（MΩ）						

思考与练习

1. 在测量电阻的电流与电压时，电流表、电压表应该怎样与电阻连接，是选用交流还是直流表？

2. 怎样测量未知直流电流？

3. 可以带电测量电阻吗？为什么？

4. 怎样用数字万用表测试电解电容的好坏？

5. 万用表使用完毕后，应怎样保管？

6. 画出 $R_L \gg R_A$ 与 R_L 接近于 R_A 时的测 R_L 功率的电路图。

7. 画出两表法测三相三线制电路功率的接线图。若 $\cos\varphi = 0.85$，功率表 W_1 的读数为 1.5kW，W_2 的读数为 2.3kW，则三相电路耗用的功率为多少？

8. 画出三表法测三相四线制电路功率的接线图。若三相负载对称，功率表 W_1 的读数为 2.5kW，则电路耗用的总功率为多少？

9. 画出单相电度表的接线图。若某用户电的总负荷为 3 000W，则最少要选用多少安培的电度表。

10. 使用钳形电流表有何注意事项？

11. 应怎样正确使用兆欧表？

12. 使用兆欧表应注意什么？

项 目 二

电动机

本项目主要介绍三相与单相异步电动机、直流电动机及控制电动机，要求了解以上各种电动机的工作原理，掌握常见故障的维修技能。

知识目标
- 掌握三相异步电动机、单相异步电动机及直流电动机的结构、工作原理。
- 了解控制电动机的结构与工作原理。

技能目标
- 熟练掌握三相异步电动机的拆装与绕组首尾端的判别。
- 掌握单相异步电动机的拆装、保养方法。
- 掌握直流电动机拆装方法。

电动机是利用电磁感应原理，将电能转换为机械能并拖动生产机械工作的动力机。为了保证电动机安全、可靠地运行，电动机必须定期进行维护与修理，维修电动机不仅要掌握电动机的维护知识，使其经常处于良好的运行状态，而且还要掌握异常状态的判断、故障原因的鉴别以及正确迅速地进行修复的技能。

任务一 三相异步电动机

电动机按使用电源相数不同分为三相电动机和单相电动机。由于三相异步电动机结构简单，运行可靠，维护方便及价格便宜，因此应用最广。

➤ 知识链接 1 异步电动机的工作原理

电动机有三相对称定子绕组，接通三相对称交流电源后，绕组中流有三相对称电流，在气隙中产生一个旋转磁场，转速为 n_0，其大小取决于电动机的电源频率 f 和电动机的极对数 p，即 $n_0=60f/p$。此旋转磁场切割转子导体，在其中感应电动势和感应电流，其方向可用右手定则确定。此感应电流与磁场作用产生转矩，转矩方向可用左手定则确定，于是电动机便顺着旋转磁场方向旋转，但转子速度 n 必须小于 n_0，否则转子中无感应电流，也就无转矩，转子转速 n 略低于且接近于同步转速 n_0，这是异步电动机"异步"的由来。通常用转差率表示转子转速 n 与同步转速 n_0 相差的程度，即 $s = \dfrac{n_0 - n}{n_0}$。

一般在额定负载时三相异步电动机的转差率在 1%～9% 之间。

> ➤ **知识链接2　异步电动机的结构**

三相笼型异步电动机主要由两个基本部分组成，即定子（固定部分）和转子（转动部分）。图 2.1 所示为三相笼型异步电动机的结构图。

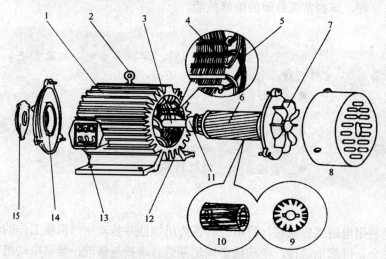

图 2.1　三相笼型异步电动机结构

1—散热筋　2—吊环　3—转轴　4—定子铁心　5—定子绕组　6—转子　7—风扇　8—罩壳
9—转子铁心　10—笼型绕组　11—轴承　12—机座　13—接线盒　14—端盖　15—轴承盖

定子和转子彼此由空气隙隔开，为了增强磁场，空气隙应尽可能小，一般为 0.3～1.5mm。电动机容量越大，气隙就越大。

1. 定子

定子主要由定子铁心、定子绕组和机座组成，其作用是通入三相交流电源时产生旋转磁场。

定子铁心是组成电动机磁路的一部分，由硅钢片叠压成圆筒形压入机座里构成。硅钢片形成的齿槽均匀分布在铁心内圆表面，并与轴平行，如图 2.2 所示。

定子绕组组成电动机的电路部分，它是由若干线圈组成的三相绕组，在定子圆周上均匀分布，按一定的空间角度镶放在定子铁心槽内。每相绕组有两个引出线端，一个为首端，另一个为尾端。三相绕组共有 6 个引出端，分别引到机座接线盒内的接线柱上。通过改变接线柱间连接片的连接关系，根据供电电压不同，三相定子绕组可以接成星形（△），也可以接成三角形（Y），如图 2.3 所示。

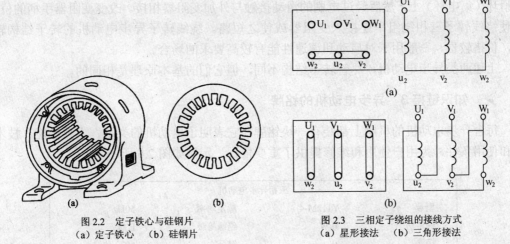

图2.2 定子铁心与硅钢片　　　　　　　　图2.3 三相定子绕组的接线方式
（a）定子铁心 （b）硅钢片　　　　　　　（a）星形接法 （b）三角形接法

2. 转子

转子的作用是在定子磁场感应下产生电磁转矩，沿着旋转磁场方向转动，并输出动力带动生产机械旋转。转子由转轴和装在转轴上的圆柱形转子铁心及转子绕组组成。转轴由碳钢制成，两端支撑在轴承上。转子铁心用已冲槽的硅钢片叠成，槽内放置转子绕组。转子根据构造不同，分为笼型和绕线型两类。

如图2.4所示，笼型转子绕组是由安放在转子槽内的裸导体和短路环连接而成的。如果把转子铁心去掉，可以看出，裸导体的形状好像一个笼子，故称笼转子。绕线转子的铁心和笼型转子的铁心相同，但它的绕组与笼型转子不同，而与定子绕组一样，也是三相绕组，一般接成星形。如图2.5所示，它的3个出线端从转子轴中引出，固定在轴上的3个互相绝缘

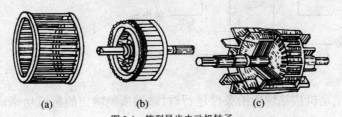

图2.4 笼型异步电动机转子
（a）笼型转子绕组 （b）铜导条笼型转子外形 （c）铸铝笼型转子外形

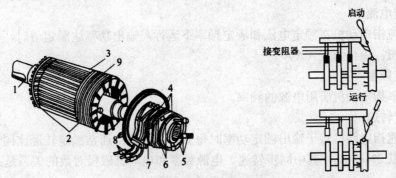

图2.5 三相绕线式异步电动机转子
1—转轴 2—三相转子绕组 3—转子铁心 4—滑环 5—转子绕组出线头
6—电刷 7—刷架 8—电刷外接线 9—镀锌钢丝箍

的滑环（集电环）上，然后经过电刷的滑动接触与外加变阻器相接。改变变阻器手柄的位置，可使绕线转子三相绕组串连接入变阻器或使之短路。绕线转子异步电动机的转子结构较复杂，价格较贵，一般用于对启动和调速性能有较高要求的场合。

上述两类异步电动机，尽管转子结构不同，但它们的基本原理是相同的。

➢ 知识链接 3　异步电动机的铭牌

每台异步电动机的机座上都装有一块铭牌，它表明了电动机的类型、主要性能、技术指标和使用条件，为用户使用和维修提供了重要依据。示例如图 2.6 所示。

三相异步电动机			
型号	Y112M-4	额定功率	50Hz
额定功率	4kW	绝缘等级	E 级
接法	△	温升	60℃
额定电压	380V	定额	连续
额定电流	8.6A	功率因数	0.95
额定转速	1440r/min	重量	59kg
年　月		编号	××电机厂

图 2.6　三相异步电动机铭牌示例

1．型号

异步电动机的型号的含义如下。

Y　112　M—4

- Y：异步电动机
- 112：机座中心高（mm）
- M：机座长度代号（S——短号　M——中号　L——长号）
- 4：磁极数

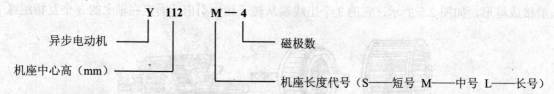

2．额定功率

额定功率指电动机按铭牌所给条件运行时，轴端所能输出的机械功率，单位为千瓦(kW)。

3．额定电压

额定电压指电动机在额定运行状态下加在定子绕组上的线电压，单位为伏（V）。

4．额定电流

额定电流指电动机在额定电压和额定频率下运行，输出功率达额定值时，电网注入定子绕组的线电流，单位为安（A）。

5．额定频率

额定频率指电动机所用电源的频率。

6．额定转速

额定转速指电动机转子输出额定功率时每分钟的转数。通常额定转速比同步转速（旋转磁场转速）低 2%～6%。其中同步转速、电源频率和电动机磁极对数的关系是：

$$同步转速=\frac{60\times 频率}{磁极对数}$$

二极电动机（一对磁极）：

$$同步转速 = \frac{60 \times 50}{1} = 3\,000(r/min)$$

四极电动机（两对磁极）：

$$同步转速 = \frac{60 \times 50}{2} = 1\,500(r/min)$$

其他极数的电动机的上述关系依次类推。

7. 联结

联结指电动机三相绕组 6 个线端的连接方法。将三相绕组首端 U1、V1、W1 接电源，尾端 U2、V2、W2 连接在一起，叫星形（Y）联结，如图 2.3（a）所示。若将 U1 接 W2、V1 接 U2、W1 接 V2，再将这三个交点接在三相电源上，叫三角形（△）联结，如图 2.3（b）所示。

8. 定额

电动机定额分连续、短时和断续 3 种。连续是指电动机连续不断地输出额定功率而温升不超过铭牌允许值。短时表示电动机不能连续使用，只能在规定的较短时间内输出额定功率。断续表示电动机只能短时输出额定功率，但可以断续重复启动和运行。

9. 温升

电动机运行中，部分电能转换成热能，使电动机温度升高。经过一定时间，电能转换的热能与机身散发的热能平衡，机身温度达到稳定。在稳定状态下，电动机温度与环境温度之差，叫电动机温升。而环境温度规定为 40℃。如果温升为 60℃，表明电动机温度不能超过 100℃。

10. 绝缘等级

绝缘等级指电动机绕组所用绝缘材料按它的允许耐热程度规定的等级，这些级别为：A 级，105℃；E 级，120℃；F 级，155℃。

11. 功率因数

功率因素指电动机从电网所吸收的有功功率与视在功率的比值。视在功率一定时，功率因数越高，有功功率越大，电动机对电能的利用率也越高。

 操作分析

✓ **操作分析 1　三相笼型异步电动机的拆卸与组装**

1. 实训目的

熟悉三相笼型异步电动机的结构，能进行熟练正确拆卸、组装三相笼型异步电动机（<10kW）。

2. 实训器材

（1）工具：拉具一套、螺钉旋具、活络扳手、紫铜棒、钢套刷、手锤、毛刷、煤油、润滑油脂等。

（2）仪表：钳型电流表、兆欧表、转速表各一块。

（3）器材：三相笼型异步电动机一台。

3. 实训方法

（1）三相笼型异步电动机的拆卸

① 拆卸前的准备

拆卸前应备齐拆卸工具，选好电动机拆装的合适地点，并事先清洁和整理好现场环境，熟悉被拆电动机的结构特点、拆装要领及所存在的缺陷，做好标记。

拆卸前还应标出电源线在接线盒中的相序，标出连轴器或皮带轮与轴台的距离，标出机座在基础上的准确位置，标注绕组引出线在机座上的出口方向。

拆卸前还要拆除电源线和保护地线，并做好绝缘措施，拆下地脚螺母，将电动机拆离基础并运至解体现场。

② 拆卸步骤

如图 2.7 所示，（a）依次拆下皮带轮或连轴器，卸下电动机尾部的风罩；（b）拆下电动机尾部扇叶；（c）拆下前轴承外盖和前、后端盖紧固螺钉，用木板（或铅板、铜板）垫在转轴前端；（d）用手锤将转子和后端盖从机座中敲出；（e）从定子中取出转子；（f）用木棒伸进定子铁心，顶住前端盖内侧，用手锤将前端盖敲离机座；最后拉下前后轴承及轴承内盖。

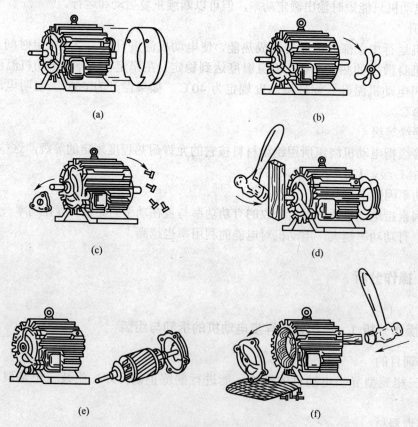

(a)　　　　　　　　　　　　　　　　(b)

(c)　　　　　　　　　　　　　　　　(d)

(e)　　　　　　　　　　　　　　　　(f)

图 2.7　三相异步电动机拆卸步骤

③ 主要零部件的拆卸方法

皮带轮或连轴器的拆卸：首先用粉笔在皮带轮的轴伸端上做好标记，再将皮带轮或连轴器上的定位螺钉或销子松脱取下。按图 2.8 所示的方法装好拉具，拉具的丝杠顶端要对准电动机轴端的中心,使其受力均匀;转动丝杆,把皮带轮或连轴器慢慢拉出,切忌硬拆。如拉不出,可在定位螺丝孔内注入煤油,待几小时后再拉。按此法拉出仍有困难时,可用喷灯等急火再对带轮外侧轴套四周均匀加热,使其膨胀后再拉出。在拆卸过程中,严禁用手锤直接敲击带轮,以免造成带轮或联轴器碎裂,或使转轴变形。

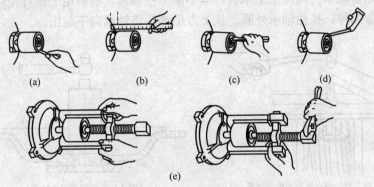

图 2.8 皮带轮或连轴器拆卸

风罩和风叶的拆卸:首先,把外风罩螺栓松脱,取下风罩;然后把转轴尾部风叶上的定位螺栓或销子松脱、取下,用紫铜棒或手锤在风叶四周均匀地轻敲,风叶就可松脱下来。小型异步电动机的风叶一般不用卸下,可随转子一起抽出。对于采用塑料风叶的电动机,可用热水使塑料风叶膨胀后卸下。

轴承盖和端盖的拆卸:如图 2.9 所示,首先把轴承的外盖螺栓松下,卸下轴承外盖。为便于装配时复位,在端盖与机座接缝处的任一位置做好标记,然后松开端盖的紧固螺栓,然后用锤子均匀地敲打端盖四周(需衬上垫木),把端盖取下。对于小型电动机,可先把轴伸端的轴承外盖卸下,再松开后端盖的固定螺栓,然后用木锤敲打轴伸端,这样可把转子连同后端盖一起取下。

轴承的拆卸:轴承的拆卸可以在两个部位上进行。一种是在转轴上拆卸,另一种是在端盖内拆卸。

在转轴上拆卸轴承常用以下三种方法:第一种是用拉具按拆皮带轮的方法将轴承从轴上拉出;第二种方法如图 2.10 所示,是在没有拉具的情况下,用端部呈楔形的铜棒,在倾斜方向顶住轴承内圈,边用榔头敲打,边将铜棒沿轴承内圈移动,以使轴承周围均匀受力,直到

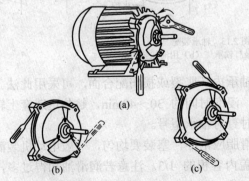

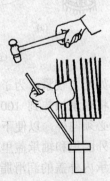

图 2.9 前端盖的拆卸

图 2.10 用铜棒敲打拆卸轴承

卸下轴承；第三种方法如图 2.11 所示，用两块厚铁板在轴承内圈下边夹住转轴，并用能容纳转子的圆筒或支架支住，在转轴上端垫上厚木板或铜板，敲打取下轴承。

在端盖内拆卸轴承：有的电动机端盖轴承孔与轴承外圈的配合比轴承内圈与转轴的配合更紧，在拆卸端盖时，使轴承留在端盖轴承孔中，如图 2.12 所示。拆卸时将端盖止口面向上平稳放置，在端盖轴承孔四周垫上木板，但不能抵住轴承，然后用一根直径略小于轴承外沿的铜棒或其他金属棒，抵住轴承外圈，从上方用锤头将轴承向下敲出。

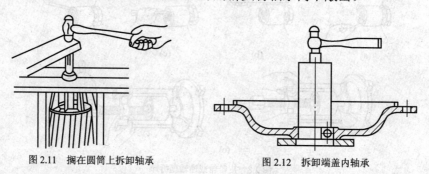

图 2.11　搁在圆筒上拆卸轴承　　　　图 2.12　拆卸端盖内轴承

抽出转子：小型电动机的转子，如上所述，可以连同端盖一起取出。抽出转子时，应小心谨慎，动作缓慢，要求不可歪斜，以免碰伤定子绕组。

（2）三相笼型异步电动机的装配

① 轴承的装配

装配前应检查轴承滚动件是否转动灵活而又不松动。再检查轴承内与轴颈，外圈与端盖轴承座孔之间的配合情况和光洁度是否符合要求。

具体装配方法如下。

敲打法：在干净的轴颈上抹一层薄薄的机油。把轴承套上，按如图 2.13（a）所示方法用一根内径略大于轴颈直径、外径略大于轴承内圈外径的铁管，将铁管的一端顶在轴承的内圈上，用手锤敲打铁管的另一端，将轴承敲进去，最好用压床压入。

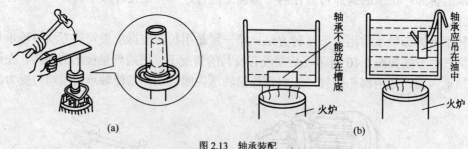

图 2.13　轴承装配
（a）用铁管敲打轴承　（b）用油加热轴承

热装法：如配合较紧，为了避免把轴承内环胀裂或损伤配合面，可采用此法。如图 2.13（b）所示，可将轴承加热到 100℃ 左右，浸泡时间约 30～40min，趁热迅速套上轴颈。安装轴承时，标号必须向外，以便下次更换时查对轴承型号。

在轴承内外圈里和轴承盖里装的润滑脂应洁净，塞装要均匀，一般电动机装满 1/3～2/3 空间容积。轴承内外盖的润滑脂一般为盖内容积的 1/3。注意若润滑油加得过多，会导致运转中轴承发热等弊病。

② 转子的安装

安装时转子要对准定子的中心，小心往里送放，端盖要对准机座的标记，旋上后盖的螺栓，但不要拧紧。

③ 端盖的安装

安装端盖时，先将端盖洗净、吹干，铲去端盖口和机座口的脏物；然后将前端盖对准机座标记，用木锤轻轻敲击端盖四周。套上螺栓，按对角线一前一后把螺栓拧紧，切不可有松有紧，以免损坏端盖；最后装前轴承外盖时，可先在轴承外盖孔内用手插入一根螺栓，另一只手缓慢转动转轴，当轴承内盖的孔转得与外盖的孔对齐时，即可将螺栓拧入轴承盖的螺孔内，再装另外两根螺栓。也可先用两根硬导线通过轴承外盖孔插入轴承内盖孔中，旋上一根螺栓，挂住内盖螺钉扣，然后依次抽出导线，旋上螺栓。

④ 风扇叶、风罩的安装

风扇叶和风罩安装完毕后，用手转动转轴，转子应转动灵活、均匀，无停滞或偏重现象。

⑤ 带轮或联轴器的安装

安装带轮时，将抛光布卷在圆木上，把带轮或联轴器的轴孔打磨光滑，用抛光布把转轴的表面打磨光滑，然后对准键槽把带轮或联轴器套在转轴上，调整好带轮或联轴器与键槽的位置，将木板垫在键的一端，轻轻敲打，使键慢慢进入槽内。安装大型电动机的带轮时，可先用固定支持物顶住电动机的非负荷端和千斤顶的底部，再用千斤顶将带轮顶入。

（3）电动机装配后的检验

电动机装配完成后，应做如下的检验。

① 检查电动机的转子转动是否轻便灵活，如转子转动比较沉重，可用紫铜棒轻敲端盖，同时调整端盖紧固螺栓的松紧程度，使之转动灵活。

② 检查电动机的绝缘电阻值，用兆欧表摇测电动机定子绕组相与相之间、各相对地之间的绝缘电阻。

③ 根据电动机的铭牌标示检查电源电压接线是否正确，并在电动机外壳上安装好接地线，用钳形电流表分别检测三相电流是否平衡。

④ 用转速表测量电动机的转速。

⑤ 让电动机空转运行半个小时后，检测机壳和轴承处的温度，观察振动和噪声。

✓ 操作分析2 三相异步电动机定子绕组首尾端判别

1．实训目的

掌握三相异步电动机定子绕组首尾端的判别。

2．实训器材

（1）工具：常用电工工具。

（2）仪表：万用表。

（3）器材：三相笼型异步电动机一台、220/36V 变压器、干电池、开关。

3．实训方法

（1）用 36V 低压交流电源法判别三相定子绕组的首尾端（参见图 2.14）

① 用万用表欧姆挡分别找出电动机三相绕组的两个线头，做好标记。

② 先给三相绕组的线头做假设编号 U_1、U_2；V_1、V_2；W_1、W_2，并把 V_1、U_2 按图 2.14 所示连接起来，构成两相绕组串联。

③ 将 U_1、V_2 线头上接万用表交流电压挡。

④ 在 W_1、W_2 上接 36V 交流电源，如果电压表有读数，说明线头 U_1、U_2 和 V_1、V_2 的编号正确。如果无读数，则把 U_1、U_2 或 V_1、V_2 中任意两个线头的编号对调一下即可。

⑤ 再按上述方法对 W_1、W_2 两个线头进行判别。

(2) 用剩磁感应法判别绕组首尾端（参见图 2.15）

① 用万用表欧姆挡分别找出电动机三相绕组的两个线头，做好标记。

② 先给三相绕组的线头做假设编号 U_1、U_2；V_1、V_2；W_1、W_2。

③ 按图 2.15 所示接线，用手转动电动机转子。由于电动机定子及转子铁心中通常均有少量的剩磁，当磁场变化时，在三相定子绕组中将有微弱的感应电动势产生。此时若并接在绕组两段的微安表（或万用表微安挡）指针不动，则说明假设的编号是正确的；若指针有偏转，说明其中有一相绕组的首尾端假设标号不对。应逐一相对调重测，直至正确为止。

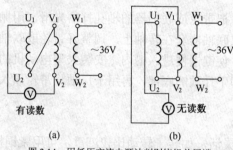
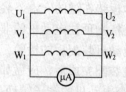

图 2.14　用低压交流电源法判别绕组首尾端　　　　图 2.15　用剩磁感应法判别绕组首尾端

任务二　单相异步电动机

单相异步电动机为小功率电动机，其容量从几瓦到几百瓦，凡是有 220V 单相交流电源的地方均能使用。由于它结构简单，因此其成本低廉，噪声小，移动安装方便，对电源无特殊要求，已广泛应用于工业、农业、医疗、办公场所，且大量应用于家庭，是电风扇、洗衣机、电冰箱、空调机、鼓风机、吸尘器等家用电器的动力机，有"家用电器心脏"之称。单相异步电动机按其定子结构和启动机构的不同，可分为电容式、分相式、罩极式等几种。了解单相电动机分类、构造和特点，掌握单相电动机的维修技能很有必要。

 基础知识

➤ **知识链接 1　单相异步电动机的工作原理**

使单相异步电动机启动运转的关键就是设法建立旋转磁场。不同类型的单相电动机，产

生旋转磁场的方法也不同，常见的是电容启动式单相异步电动机。

电容启动式单相异步电动机的定子中装有两相绕组，一相叫主绕组，一相叫副绕组。主绕组直接与电源连接，副绕组与一电容器串联后与主绕组并联接入电源，其接线如图 2.16 所示。两个绕组由同一单相电源供电，由于副绕组支路中串有电容器，故两个绕组中的电流相位不同。如果电容 C 选择合适，可以使两个电流的相位差 90°。相差 90°的两个正弦交流电分别通入在空间互差 90°的两个绕组，就会产生旋转磁场（实际上两个绕组中电流有一定的相位差，便可以产生旋转磁场，并不一定准确相差 90°才可以）。那么如何使得通入两个线圈的交流电流有一定的相位差呢？这就涉及单相异步电动机的几种常用启动方式。

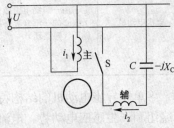

图 2.16　电容启动电动机

电动机启动后，借助离心开关 S，自动把启动绕组的电源切断，电动机进入正常运行。"两相"电流所产生旋转磁场的转速（同步转速）和三相旋转磁场一样，可由下式决定：

$$同步转速 = \frac{60 \times 电源频率}{磁极对数}$$

➢ 知识链接 2　单相异步电动机的结构特点

单相异步电动机的结构特点及应用见表 2.1。

表 2.1　　　　　　　　单相异步电动机结构特点及应用对照表

电动机名称	结构特点	等效电路图	主要优缺点	应用范围
电阻分相单相异步电动机	1. 定子绕组由启动绕组及工作绕组两部分组成 2. 启动绕组电路中的电阻较大 3. 启动结束后，启动绕组被自动切除		1. 价格较低 2. 启动电流较大，但启动转矩不大	小型鼓风机、搅拌机、研拌机、小型钻床、医疗器械、电冰箱等
电容启动单相异步电动机	1. 定子绕组由启动绕组及工作绕组两部分组成 2. 启动绕组中串入启动电容器 C 3. 启动结束后，启动绕组被自动切除		1. 价格稍贵 2. 启动电流及启动转矩较大	小型水泵、冷冻机、压缩机、电冰箱、洗衣机等
电容运行单相异步电动机	1. 定子绕组由启动绕组及工作绕组两部分组成 2. 启动绕组中串入启动电容器 C 3. 启动绕组参与运行		1. 无启动装置，价格较低 2. 功率因数较高	电风扇、排气扇、电冰箱、洗衣机、空调机、复印机等
电容启动、电容运行单相异步电动机	1. 定子绕组由启动绕组及工作绕组两部分组成 2. 启动绕组中串入启动电容器 C 3. 启动结束后，一组电容被切除，另一组电容与启动绕组参与运行		1. 价格较贵 2. 启动电流、启动转矩较大，功率因数较高	电冰箱、水泵、小型机床等

电动机名称	结 构 特 点	等效电路图	主要优缺点	应 用 范 围
罩极电动机	定子由一组绕组组成，定子铁心的一部分套有罩极铜环（短路环）	U 工作绕组 M 罩极绕组	1. 结构简单，价格低，工作可靠 2. 启动转矩小，功率小，效率低	小型风扇、鼓风机、仪器仪表、电动机、电动模型等

单相异步电动机的结构特点与三相异步电动机相类似，即由产生旋转磁场的定子铁心与绕组和产生感应电动势、电流并形成电磁转矩的转子铁心和绕组两大部分组成。

转子铁心用硅钢片叠压而成，套装在转轴上，转子铁心槽内装有笼型转子绕组。

定子铁心也是用硅钢片叠压而成的，定子绕组由两套线圈组成，一套是主绕组（工作绕组），一套是副绕组（启动绕组）。两套绕组的中轴线在空间上错开一定角度。两套绕组若在同一槽中时，一般将主绕组放在槽底（下层），副绕组在槽内上部。

因电动机使用场合的不同，其结构形式也各异，大体上可分以下几种。

1. 内转子结构形式

这种结构形式的单相异步电动机与三相异步电动机的结构相类似，即转子部分位于电动机内部，主要由转子铁心、转子绕组和转轴组成。定子部分位于电动机外部，主要由定子铁心、定子绕组、机座、前后端盖（有的电动机前后端盖可代替机座的功能）和轴承等组成。如图 2.17 所示的电容运行台扇电动机即为此种结构形式。

2. 外转子结构形式

这种结构形式的单相异步电动机定子与转子的布置位置与上面所述的结构形式正好相反。即定子铁心及定子绕组置于电动机内部，转子铁心、转子绕组压装在下端盖内。上、下端盖用螺钉连接，并借助滚动轴承与定子铁心及定子绕组一起组合成一台完整的电动机。电动机工作时，上下端盖及转子铁心与转子绕组一起转动。如图 2.18 所示的电容运行吊扇电动机即为此种结构形式。

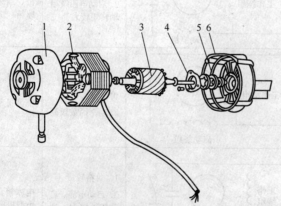

图 2.17　电容运行台扇电动机结构
1—前端盖　2—定子　3—转子　4—轴承盖
5—油毡圈　6—后端盖

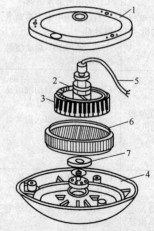

图 2.18　电容运行吊扇电动机结构
1—上端盖　2—挡油罩　3—定子　4—下端盖
5—引出线　6—外转子　7—挡油罩

3．凸极式罩极电动机结构形式

它又可分为集中励磁罩极电动机和分别励磁罩极电动机两类，如图 2.19 和图 2.20 所示。其中集中励磁罩极电动机的外形与单相变压器相仿，套装于定子铁心上的一次绕组（定子绕组）接交流电源，二次绕组（转子绕组）产生电磁转矩而转动。

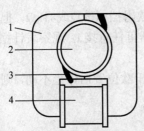

图 2.19　凸极式集中励磁罩极电动机结构
1—凸极式定子铁心　2—转子　3—罩极　4—定子绕组

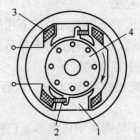

图 2.20　凸极式分别励磁罩极电动机结构
1—凸极式定子铁心　2—罩极　3—定子绕组　4—转子

 操作分析　吊扇的拆装

1．实训目的

熟悉单相异步电动机的结构，能进行熟练正确拆卸、组装吊扇电动机。

2．实训器材

实训器材如下。

（1）工具：常用电工工具。

（2）仪表：万用表、兆欧表各一块。

（3）器材：吊扇一台。

3．实训方法

（1）吊扇电动机的拆卸

① 拆卸前的准备

拆卸前应查看说明书，了解吊扇的基本构造、电动机的型号和主要参数、调速方式、电容器规格等，牢记拆卸步骤；电动机的零部件要集中放置，保证电动机各零部件的完好。

② 拆卸吊扇

拆卸吊扇前应切断交流电源，然后拆下风扇叶，取下吊扇，拆除启动电容器、接线端子及风扇电动机以外的其他附件。此时，必须记录下启动电容器的接线方法及电源接线方法。

③ 风扇电动机的拆卸

拆卸风扇电动机应按以下步骤进行：拆除上下端盖之间的紧固螺丝（拆卸时，应按照对角交替顺序分步旋松螺丝）；取出上端盖；取出定子铁心和定子绕组组件；使外转子与下端盖脱离；取出滚动轴承。

④ 检查电容器的好坏

电容分相单相异步电动机中的电容器可分为启动电容器及运行电容器。

启动电容器只在电动机启动时接入，启动完毕即从电源上切断。为产生足够大的启动转矩，电容器的电容量一般较大，约几十到几百微法，通常采用价格较便宜的电解电容器。运行电容器长期接在电源上参与电动机的运行，其容量较小，一般为油浸金属箔型或金属化薄膜型电容器。由于该电容器长期参与运行，因此电容器容量的大小及质量的好坏对电动机的启动情况、功率损耗及调速情况等都有较大的影响。需要更换电容器时，必须特别注意尽量保持原规格。

电容器好坏的检查及电容量的测定通常有以下几种方法。

（a）万用表法

这是最常用的一种方法，将万用表的转换开关置于欧姆挡×10kΩ或×1kΩ，把黑表笔接电容器的正极性端，红表笔接电容器另一端（无极性电容器可任意接），观察表针摆动情况，即可大体上判定电容器的好坏：

● 指针先很快摆向0Ω处，以后再慢慢返回到数百千欧位置后停止不动，则说明该电容器完好。

● 指针不动则说明该电容器已损坏（开路）。

● 指针摆到0Ω处后不返回，则说明该电容器已损坏（短路）。

● 指针先摆向0Ω处，以后慢慢返回到一个较小的电阻值后即停止不动，则说明该电容器的泄漏电流较大，可视具体情况，决定是否需更换电容器。

（b）充放电法

如一时没有万用表可用此法。将电容器接到一个3～9V的直流电源上，时间约在2 s左右，取下电容器。用起子将电容器两端短接，若听到啪的放电声，或看到放电火花，则说明该电容器良好，否则即是坏的。对电解电容，电源正端接电容"+"极性端。

（c）电容器电容量的测定

一般有专用的仪器（万用电桥等）测量电容器的电容量。

⑤ 测定定子绕组的绝缘电阻

绝缘电阻必须大于20MΩ方为合格，结果记录于下表中：

项　　目	工作、启动绕组之间	工作绕组对地	启动绕组对地
绝缘电阻值（MΩ）			

⑥ 滚动轴承的清洗及加润滑油

（2）吊扇电动机的装配

将吊扇各零部件清洗干净，并检查完好之后，按与装卸相反的步骤进行装配。

如图2.21所示，电容器倾斜装在吊杆上端的上罩内的吊攀中间，防尘罩套上吊杆，扇头引出线穿入吊杆；先拆去扇头轴上的制动螺钉，再将吊杆与扇头螺丝拧合，直至吊杆孔与轴上的螺孔对准为止；并且将两只制动螺钉装上旋紧，然后握住吊杆拎起扇头，用手轻轻转动看看是否转动灵活。

（3）吊扇电动机装配后的通电试运转

在确认装配及接线无误后方可通电试运转，观

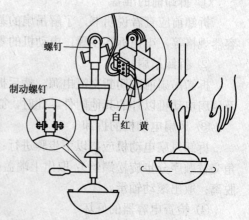

图2.21　吊扇装配示意图

察电动机的启动情况及转向与转速。如有调速器，可将调速器接入，观察调速情况。

（4）注意事项

装配时应注意如下事项。

① 在拆除吊扇电源线及电容器时，必须注意记录接线方法，以免出错。

② 拆装吊扇不可用力过猛，以免损伤零部件。

③ 装配好的吊扇在试运转时，必须密切注意风扇的启动情况、转向及转速。并应观察风扇的运转情况是否正常，如发现不正常应立即停电检查。

任务三 直流电动机

直流电动机是实现直流电能和机械能相互转换的一种旋转电动机。由直流电源供电，拖动机械负载旋转，输出机械能的电动机称为直流电动机；由原动机拖动旋转，将机械能转变为直流电能的电动机称为直流发电动机。

直流发电动机可作为各种直流电源，其输出电压便于精确地调节和控制，常用来作为重要的直流电动机的电源、同步发电动机励磁系统电源以及电化学工业中电解、电镀用的低压大电流直流电源等。

直流电动机结构复杂，成本高，具有易磨损的电刷和易损坏的换向器，因此运行维护比较麻烦。但直流电动机具有优良的性能，即能在宽广的范围内平滑而又方便地调节转速，可实现频繁的快速启动、制动和反转，有较强的过载能力，能承受频繁的冲击负载，可以满足生产过程自动化控制系统的各种特殊要求；同时直流电动机还具有使用方便可靠，波形好，对电源干扰小等优点。所以直流电动机在现代工业和人民生活中仍占有重要地位，在冶金、采矿、运输、化工、纺织、造纸、印刷和机床等工业部门中得到广泛应用。

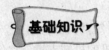

➤ 知识链接1 直流电动机的工作原理

一般直流电动机均系电枢旋转、磁极固定的结构形式。下面用一个最简单的直流电动机模型来阐述其基本原理。图2.22（a）中，定子主要由固定的两个磁极组成，由它们建立一个恒定磁场；转动部分由铁心和线圈构成，简称为转子，又叫电枢；电枢线圈a、b、c、d的两端分别接到两个半圆形铜片上，这两个铜片叫做换向片。一个换向片与电刷A相接，另一个换向片与电刷B相接；电刷A、B分别接至直流电源的正、负极。

我们知道，通电导体在磁场中会受到电磁力的作用，其受力方向见图2.22（b）所示的左手定则。当一个换向片经电刷A接到电源正极，另一个换向片经电刷B接到电源负极时，电流从电刷A经一个换向片流入电枢的线圈，然后经另一个换向片从电刷B流出，线圈a、b、c、d就成为一载流线圈，它在磁场中必然受到电磁力的作用。根据左手定则，如图中位置时，ab边受到一个向左的力，cd边受到一个向右的力，线圈a、b、c、d便受到一个电磁转矩的作用，可使电枢沿逆时针方向旋转起来。

当电枢转过180°时，线圈cd边转到N极下，ab边转到S极下。由图中分析可知，此

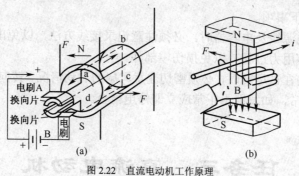

图2.22 直流电动机工作原理
（a）直流电动机 （b）左手定则

时电流是由电刷 A 通过换向片流入线圈，然后通过电刷 B 流出线圈的。这时处在 N 极下的
cd 边中的电流方向应由 d 到 c，由左手定则判断 cd 边受力方向仍向左；处在 S 极下的 ab
边中的电流方向应由 b 到 a，其受力方向仍向右，线圈仍按逆时针方向旋转。这样通过电刷
及换向片的作用，保证了在 N 极下的线圈边和在 S 极下的线圈边中的电流方向总是不变的，
因此线圈所受电磁力的方向也总是不变的，使电枢总是按着同一个方向（现在是逆时针方
向）继续旋转，电动机便可以带动机械负载工作。这就是直流电动机的基本工作原理。

从上述直流电动机的工作原理来看，若用原动机带动直流电动机的电枢旋转，输入机械
能就可在电刷两端得到一个直流电势作为电源，将机械能变为电能而成为发电动机。反之若
将一台直流电动机的电刷两端加上直流电源，输入电能，即可拖动生产机械，将电能变为机
械能而成为电动机。这种一台电动机既能作为电动机又能作发电动机运行的原理，在电动机
理论中称为电动机的可逆原理。即从工作原理来说，任何一台旋转电动机既可以作为电动机
也可以作为发电动机。

➢ **知识链接2 直流电动机的结构**

如图2.23所示，直流电动机由静止部分（定子）和转动部分（转子）这两大部分组成。定、
转子之间有一定的间隙，称为气隙。定子的作用是产生磁场和作为电动机的机械支撑，它包括
主磁极、换向极、机座、端盖、轴承、电刷装置等。转子上用来感应电势而实现能量转换的部
分称为电枢，它包括电枢铁心和电枢绕组。此外转子上还有换向器、转轴、风扇等。图2.23
所示为直流电动机主要部件图。

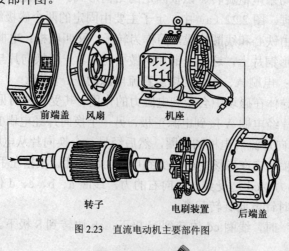

图2.23 直流电动机主要部件图

1. 定子部分

如图 2.24 所示，定子部分由机座、主磁极和换向装置、电刷装置等部件组成。

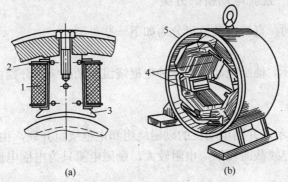

图 2.24　定子结构
（a）主磁极　（b）机座
1—励磁绕组　2—绕组框架　3—极掌　4—定子铁心及绕组　5—机座

（1）主磁极：主磁极是一种电磁铁，它是由主磁极铁心和套在铁心上的主磁极绕组（又称励磁绕组）组成的。整个磁极用螺钉固定在机座上。主磁极用来产生一个恒定的主磁场，它总是成对的，相邻磁极的极性按 N 极和 S 极交替排列。励磁绕组的两个出线端引到接线盒上，以便作为外界直流励磁电源的正负极。改变励磁电流的方向，就能改变主磁场的方向。

（2）换向磁极：换向极装在两个主磁极间，也是由铁心和绕组组成的。它的作用是产生一个附加磁势，抵消电枢反应磁势，并在换向区域内建立一个磁场，使换向元件中产生一附加电势去抵消电抗电势，从而可以避免电枢换向过程中在电刷下出现火花，以保护电动机。

（3）电刷装置：电刷装置是把直流电压、直流电流引入或引出的部件。电刷放在电刷的刷握内，并用弹簧紧压在换向器上，使电刷与换向片紧密接触。电刷上有软导线接到固定接线盒内，作为电枢绕组的接线端子，以便与直流电源相连。

2. 转子部分

如图 2.25 所示，直流电动机的转子部分由电枢铁心、电枢绕组、换向器、风扇和转轴等组成。下面对其主要组成部分进行介绍。

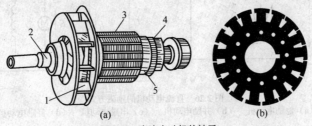

图 2.25　直流电动机的转子
（a）转子主体　（b）电枢钢片
1—风扇　2—转轴　3—电枢铁心　4—换向器　5—电枢绕组

（1）电枢铁心一般用 0.5mm 的硅钢片叠压而成，其作用是通过磁通和安放电枢绕组。

（2）电枢绕组的作用是感应电势和通过电流，使直流电动机实现机电能量变换，它是直流电动机的主要电路部分。

（3）换向器是由许多铜质换向片组成一个圆柱体。换向片之间用云母绝缘。它在发电动机中是将电枢绕组元件中的交变电势变换为电刷间的直流电势；在电动机中能使外加直流电变换成电枢绕组元件中的交变电势。

> ➢ **知识链接3　直流电动机的分类**

按励磁方式的不同，直流电动机可分为如下一些类型。

1. 他励电动机

如图2.26（a）所示，他励电动机是一种电枢绕组和励磁绕组分别由两个直流电源供电的电动机。

2. 并励电动机

如图2.26（b）所示，并励电动机的励磁绕组和电枢绕组并联，由同一个直流电源供电。励磁绕组匝数较多，导线截面较细，电阻较大，励磁电流只为电枢电流的一小部分。

3. 串励电动机

如图2.26（c）所示，串励电动机的励磁绕组与电枢绕组串联，用同一个直流电源供电。励磁电流与电枢电流相等。电枢电流较大，所以励磁绕组的导线截面较大，匝数较少。

4. 复励电动机

如图2.26（d）所示，复励电动机有两个励磁绕组，一个与电枢并联，一个与电枢串联。当两励磁绕组产生的磁通方向相同时，磁通可以相加，这种电动机称为积复励电动机。当两励磁绕组产生的磁通方向相反时，合成磁通为两磁通之差，这种电动机称为差复励电动机。

某些小型直流电动机用永久磁铁产生磁场。

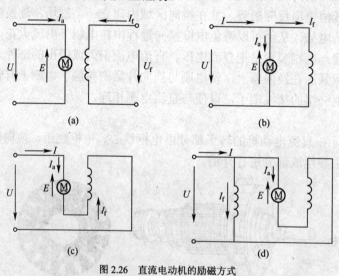

图2.26　直流电动机的励磁方式
（a）他励电动机　（b）并励电动机　（c）串励电动机　（d）复励电动机

操作分析

✓ **操作分析1　直流电动机的拆装**

1. 实训目的

熟悉单相异步电动机的结构，能进行正确拆卸、组装直流电动机。

2．实训器材

（1）工具：常用电工工具、拉具、活动扳手、手锤、紫铜棒、木锤。

（2）仪表：兆欧表一块。

（3）器材：直流电动机一台。

3．实训方法

直流电动机的拆装步骤如下。

（1）拆除电动机外部连接导线，并做好线头对应连接标记。

（2）用利器或用油漆等在端盖与机座止口处做好明显的标记（不能用粉笔做标记）。

（3）如有连轴器的电动机，要做好电动机轴伸端与连轴器上的尺寸标记，再用拉具拉下连轴器。

（4）拆卸时应先拆除电动机接线盒内的连接线，然后拆下换向器端盖（后端盖）上通风窗的螺栓；打开通风窗，从刷握中取出电刷，拆下接到刷杆上的连接线；拆下换向器端盖的螺栓、轴承盖螺栓，并取下轴承外盖；拆卸换向器端盖。拆卸时在端盖下方垫上木板等软材料，以免端盖落下时碰裂，用手锤通过铜棒沿端盖四周边缘均匀地敲击；拆下轴伸端端盖（前端盖）的螺栓，把连同端盖的电枢从定子内小心地抽出来，注意不要碰伤电枢绕组、换向器及磁极绕组；并用厚纸或布将换向器包好，用绳子扎紧；拆下前端盖上的轴承盖螺栓，并取下轴承外盖；将连同前端盖在内的电枢放在木架或木板上，并用纸或布包好。轴承一般只在损坏需要更换时方可取出，如无特殊原因，不必拆卸。

（5）清除电动机内部的灰尘和杂物，如轴承润滑油已脏，则需更换润滑油脂。

（6）测量电动机各绕组的对地绝缘电阻。

（7）重新装配好电动机。

（8）按所做标记校正电刷的位置。

4．注意事项

（1）拆下刷架前，要做好标记。

（2）抽出电枢时要仔细，不要碰伤换向器及各绕组。

（3）抽出的电枢必须放在木架或木板上，并用布或纸包好。

（4）装配时，拧紧端盖螺丝，必须四周用力均匀，按对角线上下左右拧紧，不能先将一个螺丝拧紧后再去拧另一个螺丝。

✓　**操作分析 2　直流电动机的检修**

1．实训目的

掌握直流电动机常见故障的检修方法。

2．实训器材

（1）工具：常用电工工具、功率较大的电烙铁及焊锡等。

（2）仪表：万用表、直流毫伏表各一块。

（3）器材：直流电动机、6V 直流电源、6V 校验灯。

3．实训方法

（1）电枢绕组接地故障的检修

电枢绕组接地是直流电动机绕组最常见的故障。将低压直流电源接到相隔 K/2 或 K/4（K

为换向片数）的两片换向片上（可用胶带纸将接头粘在换向片上），注意一个接头只能和一片换向片接触。将直流毫伏表一端接转轴，另一端依次与换向片接触，观察毫伏表的读数。若测量结果大致相同，则无接地故障。若测量到某片换向片时毫伏表无读数或读数明显变小时，则该片或所接的绕组元件有接地故障。

判别是绕组元件接地还是换向片接地方法如下。

① 用电烙铁将绕组元件接头从换向片升高片处焊下来。

② 用万用表或校验灯判定故障部分。

③ 电枢绕组接地点找出来后，可以根据绕组元件接地的部位，采取适当的修理方法。若接地点在元件引出线与换向片连接的部位，或者在电枢铁心槽的外部槽口处，则只须在接地部位的导线与铁心间重新加以绝缘处理即可。若接地点在铁心槽内，一般须更换电枢绕组。如果只有一个绕组元件在铁心槽内接地，而且电动机又急需使用时，可用应急办法，即将该元件所连接的两片换向片之间用短接线将该接地元件短接，电动机仍可继续使用，但电流及火花将会加大。

（2）电枢绕组短路故障的检修

对于电枢绕组短路，若电枢绕组短路严重，会使电动机烧坏。若只有个别线圈短路时，电动机仍能运转，只是使换向器表面火花变大，电枢绕组发热严重，若不及时发现加以排除，则最终也将导致电动机烧毁。因此，当电枢绕组出现短路故障时，就必须及时予以排除。

电枢绕组短路故障主要发生在同槽绕组元件的匝间短路及上下层绕组元件之间的短路上。

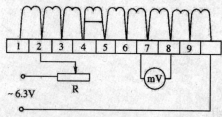

图 2.27　用毫伏表检查电枢绕组短路

① 将低压电源按图 2.27 所示接到相应的换向片上。

② 用直流毫伏表依次测量并记录相邻两片换向片间的电压。

③ 若读数很小或为零，则接在该两片换向片上的绕组元件短路或换向片间短路。

④ 最后判定故障部分可参照"接地故障"判定方法进行。

电枢绕组短路故障可按不同情况分别加以处理。若绕组只有个别地方短路，且短路点较为明显，则可将短路导线拆开后在其间垫入绝缘材料并涂绝缘漆，再烘干即可使用。若短路点难以找到，而又急需使用电动机时，则可用前面所述的短接法将短路元件所接的两片换向片短接即可。如短路故障较严重，则需局部或全部更换电枢绕组。

（3）电枢绕组断路故障的检修

实践经验表明，电枢绕组断路点一般发生在绕组元件引出线与换向片的焊接处。造成的原因一是焊接质量不好；二是电动机过载、电流过大造成脱焊。这种断路点一般较容易发现，只要仔细观察换向器升高片处的焊点情况，再用起子或镊子拨动各焊接点，即可发现。若断路点发生在电枢铁心槽内部，或者不易发现的部位，则可用如下的方法来判定。

① 同前法将低压直流电源接到相应的换向片上。

② 用直流毫伏表依次测量并记录相邻两片换向片间的电压。

③ 若相邻两换向片间电压基本相等，则表明电枢绕组无断路故障。

④ 若电压表读数明显增大，则接在这两片换向片上的绕组元件断路。

电枢绕组断路点若发生在绕组元件与换向片的焊接处，只要重新焊接好即可。断路点只要不在槽内部分，则可以焊接短线连上，再进行绝缘处理即可。如果断路点发生在铁心槽内，且断路点只有一处，则可将该绕组元件所连的两片换向片短接，也可继续使用，若断路点较多，则需要更换电枢绕组。

4．注意事项

（1）毫伏表要选择合适的电压量程。

（2）注意防止直流电源直接短路。

任务四　控制电动机

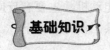

➤ 知识链接 1　伺服电动机

伺服电动机亦称执行电动机，它具有一种服从控制信号要求而动作的功能，在信号来之前，转子静止不动；信号来到之后，转子立即转动；当信号消失，转子又能即时自行停转。它由于这种"伺服"的性能而得名。

常用的伺服电动机有两大类，以交流电源工作的称为交流伺服电动机；以直流电源工作的称为直流伺服电动机。

1．交流伺服电动机

图 2.28 所示为交流伺服电动机的原理图，图中 F 和 C 表示装在定子上的两个绕组，它们在空间上相差 90°电角度。绕组 F 由交流电压励磁，称为励磁绕组；绕组 C 是由伺服放大器供电而进行控制的，故称为控制绕组。转子为笼型。

交流伺服电动机的工作原理与单相异步电动机相似。当它在系统中运行时，励磁绕组固定地接到电源上。控制电压为零时，气隙内磁场为脉动磁场，电动机无法启动转矩，转子不转。若有控制电压加在控制绕组上，且控制绕组内流过的电流和励磁绕组内的电流不同相，则在气隙内建立一定大小的旋转磁场。此时，就是一台分相式的单相异步电动机。

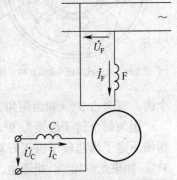

图 2.28　交流伺服电动机的原理图

当励磁电压 U_F 为一常数，而信号控制电压 U_C 的大小变化时，则转子的转速相应变化。控制电压大，电动机转得快，控制电压小，电动机转得慢。当控制电压相位相反时，旋转磁场转向相反，导致转子也反转。在运行中如果控制电压变为零，电动机是不会继续转动的，一旦 U_C 为零，电动机立即停转，这是交流伺服电动机的特点，也是自控制系统所要求的。关键在于交流伺服电动机的转子电阻 R_2 做得很大（比一般异步机大 6～8 倍左右），所以它有下垂的机械特性。这也是和一般异步电动机的本质区别。

2. 直流伺服电动机

直流伺服电动机是一种微型的直流电动机。输出功率一般在 1～600W 之间。直流伺服电动机有他励和永磁式两种方式（有时永磁式亦认为是他励式）。

直流伺服电动机的基本工作原理与一般直流电动机相同。

只要在励磁绕组中有电流通过且产生了磁通，当电枢绕组中通过电流时，这个电流与磁通相互作用而产生转矩使伺服电动机投入工作。这两个绕组其中的一个断电时，电动机立即停转。

可以通过改变其电枢电压或改变磁通来控制伺服电动机的转速，前者称为电枢控制，后者称为磁场控制。通常都采用电枢控制，因为电枢控制方式特性好且反应迅速。

> **知识链接2　步进电动机**

步进电动机是将脉冲电信号转变为相应的角位移或线位移的控制电动机，主要有反应式（磁阻式）、永磁式、混合式等类型。步进电动机直接受控于数字量，其工作特点如下。

（1）快速启动和停止。

（2）每一步转过的角度不受电压波动的影响。

（3）步进误差不会长期积累。

1. 反应式步进电动机的基本结构

图 2.29 所示为反应式步进电动机结构示意图。

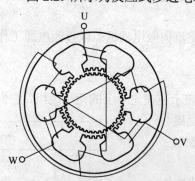

图 2.29　反应式步进电动机结构示意图

反应式步进电动机与其他电动机一样，也由转子和定子构成。

（1）定子部分。铁心由硅钢片叠成，磁极一般为凸极式（成对出现），定子绕组为控制绕组。相数一般情况下 m=2～6，极数为 2m。

（2）转子部分。铁心由硅钢片叠成。磁极一般为凸极式，不同之处是转子上无绕组。

2. 反应式步进电动机的工作原理

图 2.30 所示的反应式步进电动机为三相六极结构，定子每个磁极占 60°空间，每个磁极上有 5 个齿，转子有 40 个齿，每个占 9°（即齿距角）空间，定子与转子的齿宽和齿距相等。

因为每个转子齿矩为 9°，而每个定子磁极占 60°，故每极下的齿数不会是整数。如果 U 相极下定子齿与转子齿正好对齐，那么 V、W 相极下的齿就分别和转子齿相差 1/3 个齿距（即 3°）。如果此时给 V 相通电，因磁通按磁阻最小的路径闭合，从而产生磁阻转矩，转子就会顺时针转过 3°，称为一个步距角；如果从起始位先给 W 相通电，同样的原理，转子向逆时针方向转过一个步距角（3°）。由此可见，当控制绕组以 U—V—W—U 的顺序通电时，电动机转子就按顺时针方向以每个脉冲 3°（一个步距角）的规律转动；如果改变通电顺序，按 U—W—V—U 方式通电，电动机转子就按逆时针方向以每个脉冲 3°（一个步距角）的规律转动。这就是三相单三拍的控制方式。"三拍"就是每个循环三次通电,"单"是指每次给一个线圈通电。除此之外还有三相单双六拍的控制方式。

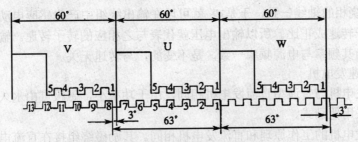

图 2.30 反应式步进电动机定子、转子展开图

步进电动机在近十年中发展很快,目前步进电动机的应用范围很广,在数控、工业控制和工业自动化、印刷机等系统中,都成功地应用了步进电动机。

> **知识链接 3 测速发电机**

测速发电机是一种检测元件,其基本任务是将机械旋转转换为电气信号。

测速发电机通常用连接轴和被测的机械连接,它能测量生产机械的瞬时转速。测速发电机的电动势 E 与旋转机械的转速成正比 $e=kn$,式中 k 是比例系数。

测速发电机也有交流、直流两大类。交流测速发电机又有异步测速发电机与同步测速发电机之分;直流测速发电机又有他励式和永磁式两种。其中以直流测速发电机的应用较为广泛。

1. 交流测速发电机

交流测速发电机有异步及同步两种。同步测速发电机是一种永磁式单相同步发电机,由于其电动势的频率随转速而改变,所以其电抗和负载阻抗的大小必然随着转速而改变。这样,其输出就不再与转速成正比,因此使用范围不广。故下面重点介绍异步测速发电机的特性。

(1)结构。交流测速发电机通常采用空心杯形转子的结构形式。其定子结构与一般异步电动机相似,由硅钢片叠成铁心,定子上放置两套彼此在空间上相差 90°电角度的绕组,一套为励磁绕组,接在交流电源上,另一套为输出绕组,产生输出电压。

(2)工作原理。如图 2.31 所示,当测速电动机的转子静止时,接到单相交流电源上的励磁绕组,产生单相脉动磁场,此磁场虽然能在转子中产生感应电动势,但由于输出绕组的轴线与励磁绕组的轴线互相垂直,故此感应电动势在转子中产生电流,并形成磁通,可是其轴线与励磁绕组重合,故输出绕组中不会产生感应电动势,则输出电压为零。而当转子由被测

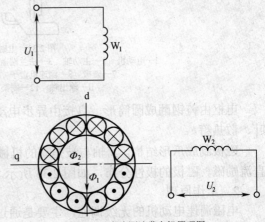

图 2.31 交流测速发电机原理图

机构拖动旋转时，转子与励磁磁场存在相对运动，Φ_1在转子中产生的感应电动势e_2的大小就与转速成正比，而相位上则滞后于Φ_1 90°，这个电动势e_2在转子中产生电流i_2，由于电阻较大，i_2产生的交变磁通Φ_2基本上与感应电动势e_2同相位，也就是此励磁绕组产生的Φ_1滞后90°，而和输出绕相的轴线一致，于是Φ_2就可以在输出绕组中产生感应电动势。此感应电动势的数值与转子转速成正比。所以输出电压就代表与之相应的转子转速。输出电压的大小与转速成正比，而其频率与电源频率一致，是不变的，与转速无关。

2. 直流测速发电机

直流测速发电机与普通型直流发电机相同，由于功率小，磁极可由永久磁铁制成，励磁方式也几乎只采用他励式。

直流测速发电机的工作原理和直流发电机相同。其励磁绕组接在直流电源上，电枢绕组作为输出绕组；电枢电动势与转速n成正比；当电枢绕组接上负载时，电枢绕组中会因为出现电流而产生电枢反应，使主磁通去磁。这样电枢端电压就不会再和转子转速成正比，给测量带来误差。一般输出端应配接高阻抗负载为妥。

➤ **知识链接4 电磁调速电动机**

电磁调速电动机又名滑差电动机。它是一种无级变速电动机，由三相笼式异步电动机、电磁转差离合器和测速发电机三部分组成。

1. 结构

电磁调速异步电动机的结构特点，是在一台普通的异步电动机之外，尚有一个电磁转差离合器。离合器实质上也是一台电动机，借磁场作用将主动轴的转矩传递到从动轴（输出轴）。离合器有两个旋转部分，即电枢和磁极如图 2.32 所示。

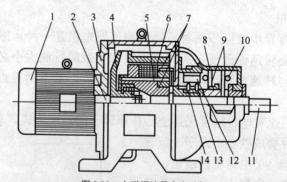

图 2.32 电磁调速异步电动机

1—电动机 2—主动轴 3—法兰端盖 4—电枢 5—工作气隙 6—励磁线圈
7—磁极 8—测速机定子 9—测速机磁极 10—永久磁铁
11—输出轴 12—刷架 13—电刷 14—集电环

电枢由铸钢翻成圆筒形，直接由异步电动机（原动机）拖动。为了散热，电枢上带有风叶、散热箱。

磁极制成爪形结构，其轴与被拖动的机械相连接（输出轴），磁极的励磁线经集电环通入直流励磁。磁极的极性分布，如图 2.33 所示。

2. 工作原理

电磁调速电动机的无级调速，主要是通过转差离合器来实现的。当磁极上励磁线圈通入直流励磁后，磁极产生磁通，经过爪极-气隙-爪极而闭合。在原动机带动后，离合器的电枢

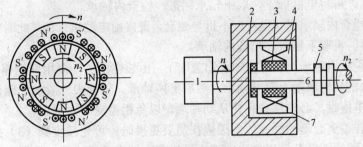

图 2.33 转差离合器示意图
1—电动机 2—电枢 3—励磁线圈 4—爪形磁极
5—集电环 6—输出轴 7—气隙

就随着电动机一起以转速 n 在磁场中旋转，于是电枢与磁极便有相对运动。根据电磁感应定律可知，电枢切割磁场将产生电动势。由于电枢由整块铸钢做成，因而产生涡流。涡流与磁场相互作用产生转矩，迫使磁极作为从动部分随之旋转，这与异步电动机相似。磁极的转速必须低于电枢的转速。只有这样才能产生转矩，所以叫做转矩离合器。不过异步机的旋转磁场是由三相交流电流产生的，而转差离合器的磁场是由直流电流产生的，依靠电枢的转动才起着旋转磁场的作用。

当离合器的从动轴上带有一定负载时，励磁电流的大小就决定了从动部分转速的高低。励磁电流愈大，磁场愈强，电枢感应电动势和涡流愈大，转速就愈高。同理，励磁电流愈小，转速就愈低。所以通过控制装置（如可控硅整流装置）改变励磁线圈中电流的大小就可以无级地改变输出轴转速的高低。

电磁调速电动机的调速范围可达 1:10（120～1 200r/min），功率在 0.6～100kW 之间。这种电动机调速范围广，速度调节平滑，启动转矩大，控制功率小，控制简单。缺点是机械特性软，稳定性差，在低速时，离合器的效率和输出功率都比较低。

 操作分析 电磁调速异步电动机拆修

1．实训目的

掌握电磁调速异步电动机的拆修。

2．实训器材

（1）工具：常用电工工具、活动扳手、手锤、木锤、紫铜棒等。

（2）仪表：万用表、兆欧表。

（3）器材：电磁调速异步电动机一台。

3．实训方法

（1）电磁调速异步电动机的拆卸

① 拆开异步电动机端固定螺钉，可将电动机连同固定在其轴上的磁极一同抽出（也有相反的安装形式，即电枢装在电动机轴上，则此时将电枢一同抽出），再检查异步电动机。

② 由测速发电机端拆下测速发电机定子，取出转子，再将铝盖取下，可检查电磁转差离合器的外轴承。

③ 拆开导磁套的固定螺钉，并将离合器励磁线圈的引线从接线板上拆下，然后将导磁套

和电枢一起抽出。再将电枢拆下，取下轴承铝盖，检查内轴承。

④ 若只需检查内轴承时，也可以不拆导磁套，直接由电动机一侧（此时电动机及磁极已拆下）拆下电枢。再取下铝盖，检查内轴承。

⑤ 若需要更换内轴承时，可将轴承铝盖取下，由装电枢的一侧用紫铜棒轻敲轴头，将轴连同轴承一并抽出。再从轴上取下轴承，然后更换轴承，轴承中一般加二硫化钼润滑剂。

⑥ 在装配电枢时，必须注意顶住从动轴端，以免铝盖受力而变形。

⑦ 若电磁转差离合器的励磁线圈因烧损需要更换时，可先按步骤（3）拆下电枢，然后旋下固定励磁线圈的螺钉及绝缘垫块，再由导磁套上抽出励磁线圈。按原来的尺寸规格用漆包线及绝缘材料重绕后，再装配好。

⑧ 测速发电机转子的磁环均为永磁式，一般用钼铁氧体非金属磁钢制成，质地硬且脆，拆装时必须特别注意不要损坏。在拆下时应两侧同时用力轻稳撬出。装配时，宜用套圈衬垫，再用锤子轻轻敲入。

（2）电磁调速异步电动机的检查与装配

① 检查内、外轴承润滑脂状况，若已干涸或变质，则拆下洗净后，重新加润滑脂。

② 检查励磁线圈直流电阻及对地绝缘电阻，观察线圈外表绝缘状况，若确认已损坏，则需更换。

③ 检查三相异步电动机是否完好。

④ 重新装配好电磁调速异步电动机，并通电试运行。

4．注意事项

在拆装时应注意不允许损坏零部件。

思考与练习

1．三相异步电动机主要由哪几部分组成？定子绕组、转子绕组各起什么作用？定子铁心为什么要用硅钢片制造？

2．简述三相异步电动机的拆卸步骤。

3．简述三相异步电动机的装配步骤。

4．画图说明用低压交流电源判定三相异步电动机同名端的方法。

5．如图 2.15 所示，试说明感应法判定三相定子绕组同名端的方法，并说明理由。

6．试说明三相异步电动机与单相异步电动机定子绕组的磁场。若要使单相异步电动机定子绕组产生旋转磁场，可采取哪些方法？

7．怎样用万用表判别电容器的好坏？

8．分别画出他励、并励、串励、复励直流电动机的励磁原理图。

9．怎样判断直流电动机电枢绕组、励磁绕组是否出现断路或局部短路？

10．伺服电动机有何作用？它分为哪两类伺服电动机？

11．步进式电动机是由什么信号控制的？它有什么工作特点？

12．电磁调速电动机主要由哪几部分组成？主要有什么优缺点？写出其调速范围。

项目三

低压电器

本项目主要介绍熔断器、主令电器、接触器以及各种继电器等低压电器设备的介绍。要求掌握常用低压电器设备的结构，了解其工作原理，掌握低压电器设备常见故障的维修技能。

知识目标
- 了解各类常用低压电器的结构与工作原理。
- 掌握常用低压电器的用途与选用方法。

技能目标
- 掌握常用低压电器的拆装、维修技能。
- 掌握电流继电器、时间继电器的调节与使用方法。

低压电器作为基本器件，广泛应用于输配电系统和电力拖动系统中，在工农业生产、交通运输和国防工业中起着极其重要的作用。电能在输送和使用过程中是连续进行的，电器经过长期的使用会发生各种问题。为了保证电力拖动或自动控制系统安全、可靠地运行，要熟练掌握低压电器元件的结构、工作原理，并学会低压电器的修理与调整方法。

低压电器是指在交流及直流电压为 1 200V 以下时的电力线路中起保护、控制或调节等作用的电器元件。

低压电器的种类繁多，但就其控制对象不同，低压电器分为配电电器和控制电器两大类。

低压配电电器主要用于低压配电系统和动力回路，它具有工作可靠，热稳定性好和电动力稳定性好，能承受一定电动力作用等优点。常用配电电器包括刀开关、转换开关、熔断器、自动开关等。

低压控制电器主要用于电力传输系统中，它具有工作准确可靠，操作效率高，寿命长，体积小等优点。常用控制电器包括接触器、继电器、启动器、主令电器、控制器、电阻器、变阻器、电磁铁等。

任务一　低　压　开　关

常见的低压开关有刀开关、转换开关、自动空气开关及主令控制器等。它们的作用主要是实现对电路进行接通或断开的控制，多数作为机床电路的电源开关，有时也用来直接控制小容量电动机的通断工作。

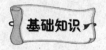

➤ 知识链接1 刀开关

刀开关的种类很多，在电力拖动控制线路中最常用的是由刀开关和熔断器组合而成的负荷开关。负荷开关分为开启式负荷开关和封闭式负荷开关两种。

1. 开启式负荷开关

开启式负荷开关又称为瓷底胶盖开关，简称闸刀开关，适用于照明、电热设备及小容量电动机控制线路中，供手动不频繁地接通和分断电路，并起短路保护作用。

（1）型号及含义见下所示。

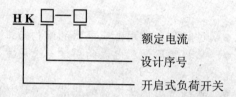

（2）HK 系列负荷开关由刀开关和熔断器组合而成，结构和电路符号如图 3.1 所示。开关的瓷底座上装有进线座、静触点、熔体、出线座和带瓷质手柄的刀式动触点，上面盖有胶盖以防止电弧飞出灼伤人手。

（3）这种开关分为两极和三极两种，用于照明和电热负载时，选用额定电压交流 220V 或 250V，额定电流不小于电路所有负载额定电流之和的两极开关。开关用于控制电动机的直接启动和停止时，选用额定电压交流 380V 或 500V，额定电流不小于电动机额定电流 3 倍的三极开关。

（4）在安装开启式负荷开关时，应注意将电源进线装在静触点上，将用电负荷接在开关的下出线端上。这样当开关断开时，闸刀和熔丝均不带电，保证更换熔丝安全。闸刀在合闸状态时，手柄应向上，不可倒装或平装，以防误合闸。

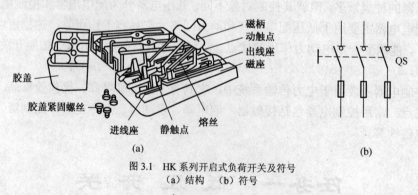

图 3.1 HK 系列开启式负荷开关及符号
（a）结构 （b）符号

2. 封闭式负荷开关

封闭式负荷开关又称铁壳开关，主要用于手动不频繁地接通和断开带负载的电路，也可用于控制 15kW 以下的交流电动机不频繁地直接启动和停止。具体介绍如下。

（1）型号及含义如下所示。

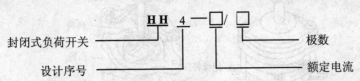

（2）常用封闭式负荷开关的结构如图 3.2 所示。

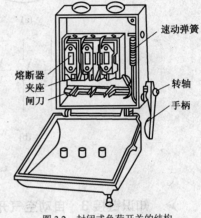

它主要由刀开关、熔断器、操作机构和外壳组成。这种开关的操作机构具有以下两个特点：一是采用了弹簧储能分合闸，有利于迅速熄灭电弧，从而提高开关的通断能力；二是设有联锁装置，以保证开关在合闸状态下开关盖不能开启，而当开关盖开启时又不能合闸，确保操作安全。

（3）在安装封闭式负荷开关时，应保证开关的金属外壳可靠接地或接零，防止因意外漏电而发生触电事故。接线时，应将电源线接在静触点的接线端上，负荷接在熔断器一端。

图 3.2 封闭式负荷开关的结构

> ➤ **知识链接 2 转换开关**

转换开关又叫组合开关，它体积小、灭弧性能比刀开关好，接线方式多，操作方便，常用于交流 380V、直流 220V 以下的电气线路中，供手动不频繁地接通或分断电路，也可控制 5kW 以下小容量异步电动机的启动、停止和正反转。具体介绍如下。

（1）型号及含义见下所示。

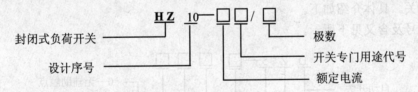

（2）HZ10-10/3 型转换开关内部结构与外形如图 3.3 所示。

这种转换开关有三对静触点，每一对静触点的一端固定在绝缘垫板上，另一端伸出盒外，并附有接线柱，以便和电源线及用电设备的导线相连接。三对动触点由两个磷铜片或紫铜片和灭弧性能良好的绝缘钢纸板铆接而成，和绝缘垫板一起套有附有手柄的绝缘杆上，手柄能沿任何一个方向每次旋转 90°，带动三对动触点分别与三对静触点接通或断开，顶盖部分由凸轮、弹簧及手柄等构成操作机构，此操作机构由于采用了弹簧储能使开关快速闭合及分断，保证开关在切断负荷电流时所产生的电弧能迅速熄灭，其分断与闭合的速度和手柄旋转速度无关。

（3）转换开关应根据电源种类、电压等级、所需触点数、接线方式和负载容量进行选择。用于直接控制异步电动机的启动和正、反转时，开关的额定电流一般取电动机额定电流的 1.5～2.5 倍。

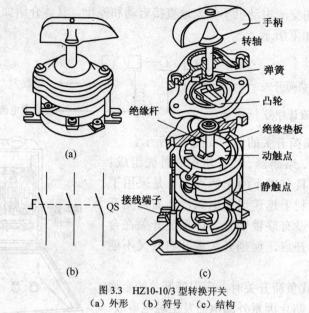

图 3.3　HZ10-10/3 型转换开关
（a）外形　（b）符号　（c）结构

➢　知识链接 3　自动空气开关

自动空气开关又称自动开关或自动空气断路器。在低压电路中，用于分断和接通负荷电路，控制电动机运行和停止。当电路发生过载、短路、失压、欠压等故障时，它能自动切断故障电路，保护电路和用电设备的安全。

自动空气开关具有操作安全，安装使用方便，工作可靠，动作值可调，分断能力强，兼顾多种保护，动作后不需要更换元件等优点，因此得到广泛应用。

自动空气开关种类很多，本书仅介绍用于电力拖动自动控制线路中的塑壳式（又称装置式）自动开关。具体介绍如下。

（1）型号及含义见下所示。

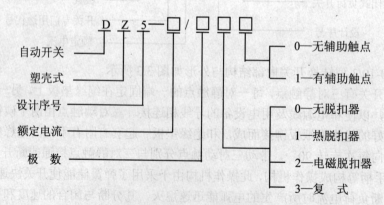

（2）DZ5-20 型自动空气开关的外形与结构如图 3.4 所示。它主要由动、静触点、灭弧装置、操作机构、热脱扣器、电磁脱扣器及外壳等部分组成。

其结构采用立体布置，操作机构在中间，上面是由加热元件和双金属片等构成的热脱扣器，作为过载保护，配有电流调节装置，调节整定电流。下面是由线圈和铁心等构成的热脱扣器，作短路保护，它也有一个电流整定装置，调节瞬时脱扣整定电流。主触点在操作机构后面，配有栅片灭弧装置，用以接通和分断主回路的大电流。另外还有常开和常闭辅助触点各一对。在外壳顶部还伸出接通（绿色）和分断（红色）按钮，通过储能弹簧和杠杆机构实现自动开关的手动接通和分断操作。

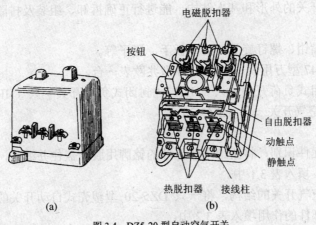

图 3.4　DZ5-20 型自动空气开关
（a）外形　（b）结构

自动空气开关的工作原理和电路符号如图 3.5 与图 3.6 所示。

图 3.5 中开关的三对主触点串接在被保护的三相主电路中，当按下绿色按钮时，主电路中的三对主触点由锁扣钩住搭钩，克服弹簧的拉力，保持闭合状态，搭钩可绕轴转动。若主电路工作正常，热脱扣器的发热元件温度不高，不会使双金属片弯曲到顶动连杆的程度。电磁脱扣器的线圈磁力不大，不能吸引衔铁去拨动连杆，自动开关正常吸合，向负载供电。若主电路发生过载或短路，电流超过热脱扣器或电磁脱扣器整定值时，双金属片或衔铁将拨动连杆，使搭钩被顶离锁扣，弹簧的拉力使主触点系统分离而切断主电路。一旦电源电压低于整定值（或失去电压），线圈的磁力减弱，衔铁受弹簧拉力向上运动，顶起连杆，使搭钩与锁扣脱离而断开主触点，起欠（失）压保护作用。

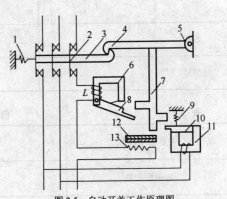

图 3.5　自动开关工作原理图
1—弹簧　2—主触点　3—锁扣　4—搭钩　5—转轴
6—电磁脱扣器　7—连杆　8—衔铁　9—拉力弹簧
10—欠压脱扣器衔铁　11—欠压脱扣器
12—双金属片　13—热元件

（3）它的一般选用原则是：①自动空气开关的额定电压和额定电流应高于线路的正常工作电压和电流。②热脱扣器的整定电流应等于所控制负载的额定电流。③电磁脱扣器的瞬时脱扣整定电流应不小于电动机启动电流的 1.7 倍。

另外，选用自动开关时，在类型、等级、规格等方面要配合上、下级开关的保护特性，不允许因本级保护失灵导致越级跳闸，扩大停电范围。

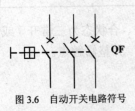

图 3.6　自动开关电路符号

操作分析 低压开关的拆装与检修

1. 实训目的

熟悉常用低压开关的外形和基本结构，能进行正确拆卸、组装及排除常见故障。

2. 实训器材

（1）工具：尖嘴钳、螺钉旋具、活络扳手、镊子等。

（2）仪表：MF47 型万用表一只、5050 型兆欧表一台。

（3）器材：开启式负荷开关一只（HK1）、封闭式负荷开关一只（HH4）、转换开关一只（HZ10-25）和自动空气开关一只（DZ5-20）。

3. 实训方法

（1）对于电器元件识别，将所给电器元件的铭牌用胶布盖住并编号，根据电器元件实物写出其名称与型号，填入表 3.1 中。

（2）对于自动空气开关的结构，将一只 DZ5-20 型塑壳式自动开关的外壳拆开，认真观察其结构，将主要部件的作用填入表 3.2 中。

表 3.1　　　　　　　　　　　低压开关的识别

序号	1	2	3	4
名称				
型号				

表 3.2　　　　　　　　　　　自动空气开关的结构

主要部件名称	作　用
电磁脱扣器	
热脱扣器	
触点	
按钮	
储能弹簧	

（3）对于 HZ10-25 转换开关的改装、维修及检验，将转换开关原分、合状态为三常开（或三常闭）的三对触点，改装为二常开一常闭（或二常闭一常开）状态，并整修触点。

（4）训练步骤及工艺要求。

① 卸下手柄紧固螺钉，取下手柄。

② 卸下支架上紧固螺母，取下顶盖、转轴弹簧合凸轮等操作机构。

③ 抽出绝缘杆,取下绝缘垫板上盖。

④ 拆卸三对动、静触点。

⑤ 检查触点有无烧毛、损坏,视损坏程度进行修理或更换。

⑥ 检查转轴弹簧是否松脱和灭弧垫是否有严重磨损,根据实际情况确定是否更换。

⑦ 将任一相的动触点旋转90°,然后按拆卸的逆序进行装配。

⑧ 装配时,要注意动、静触点的相互位置是否符合改装要求及叠片连接是否紧密。

⑨ 装配结束后,先用万用表测量各对触点的通断情况。

(5)应注意事项。

① 拆卸时,应备有盛放零件的容器,以防丢失零件。

② 拆卸过程中,不允许硬撬,以防损坏电器。

任务二 熔 断 器

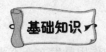

熔断器是熔断器式低压保护线路和电动机控制电路中最简单最常用的过载和短路保护电器。它的主要工作部分是熔体,串联在被保护电器或电路的前面,当电路或设备过载或短路时,大电流将熔体熔化,切断电路而起保护作用。

➢ 知识链接1 瓷插式熔断器

RC1A 系列瓷插式熔断器主要用于交流 380V 三相电路和 220V 单相电路作保护电器。它具有结构简单,价格低廉,更换熔丝方便等优点。

其主要由瓷座、瓷盖、静触点、动触点和熔丝等组成,如图 3.7 所示。瓷座中部有一空腔,与瓷盖的凸出部分构成灭弧室。60A 以上的瓷插式熔断器空腔还垫有编织石棉层,用以加强灭弧功能。

➢ 知识链接2 螺旋式熔断器

RL1 系列螺旋式熔断器用于交流电压 380V 及以下,电流在 200A 以内的线路和用电设备的过载和短路保护。它具有熔断快,分断能力强,体积小,结构紧凑,更换熔丝方便,安全可靠和熔丝断后标志明显等优点。它主要由瓷帽、熔断管(熔芯)、瓷套、上、下接线桩及底座等组成,如图 3.8 所示。熔断管内除装有熔丝外,还填满起灭弧作用的石英砂。熔断管的上盖中心装有红色熔断指示器,一旦熔丝熔断,指示器即从熔断管上盖中脱落,并可从瓷盖上的玻璃窗口直接发现,以便更换熔断管。

螺旋式熔断器接线时,电源进线必须与熔断器中心触片接线桩相连,与负载的连线应接在与螺口相连的上接线桩上,这样在旋出瓷帽并更换熔断管时,金属螺口不带电,有利于操作人员的安全。

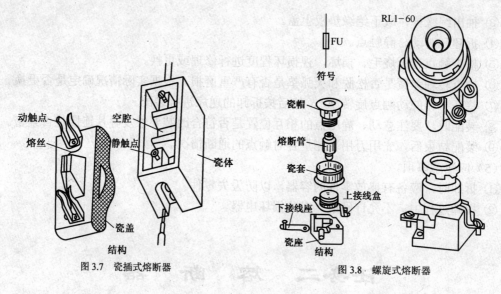

符号

瓷帽

熔断管

瓷套

上接线盒

下接线座

瓷座

结构

图 3.8 螺旋式熔断器

动触点

熔丝

静触点

空腔

瓷体

瓷盖

结构

图 3.7 瓷插式熔断器

任务三 主令电器

主令电器是一种非自动切换的小电流开关电器，它在控制电路中的作用是发布命令去控制接触器、继电器或其他电器执行元件的电磁线圈，使电路接通或分断，从而达到控制电力拖动系统的启动与停止以及改变系统的工作状态，如正转与反转等，实现生产机械的自动控制。由于它专门发送命令或信号，故称为"主令电器"，也称"主令开关"。

基础知识

➤ 知识链接 1 按钮开关

按钮又称按钮开关，是一种手动控制电器。它只能短时接通或分断 5A 以下的小电流电路，向其他电器发出指令性的电信号，控制其他电器动作。由于按钮载流量小，不能直接用它控制主电路的分断。

1. 常用按钮型号含义

常用按钮的型号含义如下。

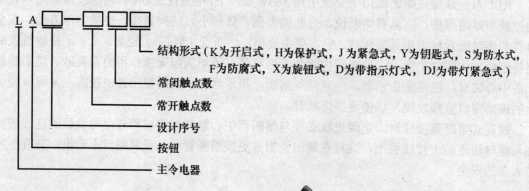

结构形式（K为开启式，H为保护式，J为紧急式，Y为钥匙式，S为防水式，F为防腐式，X为旋钮式，D为带指示灯式，DJ为带灯紧急式）

常闭触点数

常开触点数

设计序号

按钮

主令电器

2．结构

按钮开关一般由按钮帽、复位弹簧、桥式动触点、静触点和外壳等组成，其外形、结构及符号如图 3.9 所示。

按钮开关按照用途和触点的结构不同分为停止按钮（常闭按钮）、启动按钮（常开按钮）及复合按钮（组合按钮）。如图 3.8 所示的 LA19 系列即为复合按钮。

3．选用与安装

按钮的选用应根据使用场合、被控制电路所需触点数目及按钮帽的颜色等方面综合考虑。使用前，应检查按钮帽弹性是否正常，动作是否自如，触点接触是否良好可靠。

按钮安装在面板上时，应布置合理，排列整齐，安装应牢固，停止按钮用红色，启动按钮用绿色或黑色。

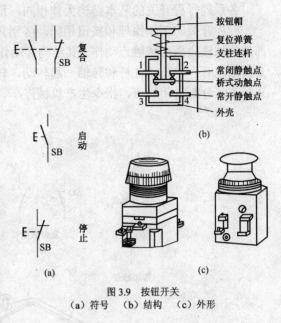

图 3.9　按钮开关
（a）符号　（b）结构　（c）外形

> ➤ 知识链接 2　位置开关

位置开关是操动机构在机器的运动部件到达一个预定位置时操作的一种指示开关。它包括行程开关、接近开关等。

1．行程开关

行程开关又称限位开关，是一种利用生产机械某些运动部件的碰撞来发出控制指令的主令电器，用于控制生产机械的运动方向、行程大小或位置保护。下面对行程作更具体的介绍。

（1）行程开关型号含义如下所示。

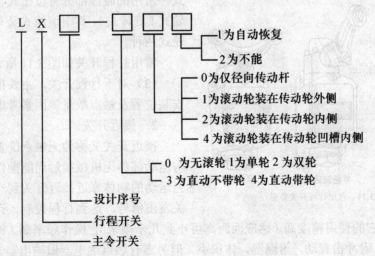

（2）其结构及工作原理如下。

各系列行程开关的基本结构大体相同，都是由触点系统、操作机构及外壳组成。

行程开关的工作原理和按钮相同，区别只是它不靠手指的按压，而是利用生产机械运动部件的挡铁碰压而使触点动作。其结构和动作原理如图 3.10 所示。当生产机械撞块碰触行程开关滚轮时，使传动杠杆和转轴一起转动，转轴上的凸轮推动推杆使微动开关动作，接通常开触点，分断常闭触点，指令生产机械停车、反转或变速。

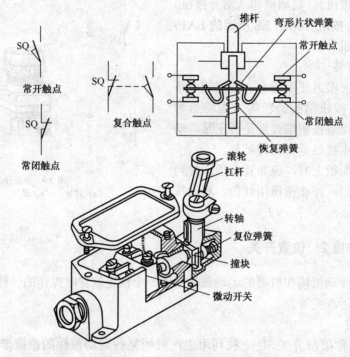

图 3.10　行程开关符号及动作原理图

为了适应生产机械对行程开关的碰撞，行程开关与生产机械的碰撞部分有不同的结构形式，常用的碰撞部分有按钮式（直动式）和滚轮式（旋转式）。其中滚轮式又有单滚轮和双滚轮式两种。

常用行程开关如图 3.11 所示。

（3）对于行程开关，主要根据动作要求、安装位置及触点数量等因素考虑选择。

2．接近开关

接近开关又称为无触点位置开关，是一种与运动部件无机械接触而能操作的位置开关。当运动的物体靠近接近开关到一定位置时，开关发出信号，达到行程控制、计数及自动控制

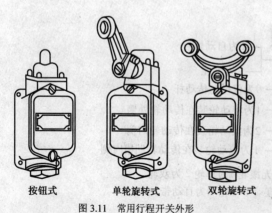

按钮式　　单轮旋转式　　双轮旋转式

图 3.11　常用行程开关外形

的作用。由于它的使用精度高（感应面距离可小到几十微米），操作频率高（每秒几十至几百次），寿命长，耐冲击震动，耐潮湿，体积小（但另需有触点继电器做输出器）等优点，因此广泛应用于自动控制系统中。

接近开关的结构种类较多，通常做成插接式、螺纹式、感应头外接式等，主要根据不同使用场合和安装方式来确定。在技术性能方面做到高电位输出及带延时动作。

> **知识链接 3　凸轮控制器**

凸轮控制器是按照预定的顺序接通和切断电路的电器，常用于控制电动机的启动、调速、正反转和制动等。它由手柄、定位机构、框架、灭弧罩、转轴、凸轮和触点等组成，是一种手动电器。图 3.12 所示是凸轮控制器的结构原理图。

凸轮控制器的图形符号及触点通断表示方法如图 3.13 所示。图中"0"表示手柄的中间位置，两侧的数字表示手柄操作位置，在该数字两方可用文字表示操作状态（如向前、向后、自动和手动等）；短划线表示手柄操作触点开闭的位置线；数字 1、4 表示触点号。各触点在手柄转到不同位置时，通断状态用符号"●"表示，有黑圆点"●"表示触点闭合，无黑圆点"●"表示触点断开。例如手柄在中间"0"位置时，触点 1 和 4 闭合，其余的触点均为断开状态。

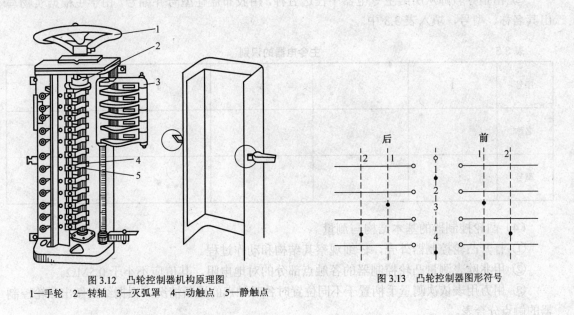

图 3.12　凸轮控制器机构原理图　　　　　　　　图 3.13　凸轮控制器图形符号
1—手轮　2—转轴　3—灭弧罩　4—动触点　5—静触点

　操作分析　熔断器与主令电器识别检修

1. 实训目的
（1）熟悉常用低压熔断器的外形、结构，掌握常用低压熔断器熔体更换方法。
（2）熟悉常用主令电器的外形、基本结构和作用，并能进行正常的拆卸、组装和检修。
2. 实训器材
（1）工具：尖嘴钳、螺钉旋具、活络扳手。
（2）仪表：MF47 型万用表一只、5050 型兆欧表一台。
（3）器材：瓷插式熔断器、螺旋式熔断器各一套，熔丝、熔断管若干；不同型号按钮、行程开关和凸轮控制器若干。

3．实训方法

（1）判别熔断器的工作状态

检查所给熔断器的熔体是否完好。对瓷插式熔断器，可拔下瓷盖进行检查；对螺旋式熔断器，应首先查看其熔断指示器。

（2）更换熔体

若熔体已熔断，按原规格选配熔体。

对瓷插式熔断器，安装熔丝时熔丝缠绕方向要正确，安装过程中不得损伤熔丝。对螺旋式熔断器，熔断管不能倒装。

安装完毕用万用表检查熔断器各部分接触是否良好。

（3）主令电器的识别

① 在教师的指导下，仔细观察各种不同种类、不同结构形式的主令电器的外形和结构特点。

② 由指导教师从所给主令电器中任选五种，用胶布盖住型号并编号，由学生根据实物写出其名称、型号，填入表 3.3 中。

表 3.3   主令电器的识别

序号	1	2	3	4	5
名称					
型号					

（4）凸轮控制器的基本结构与测量

① 打开凸轮控制器外壳，仔细观察其结构和动作过程。

② 用兆欧表测量凸轮控制器的各触点部分的对地电阻，其值应不小于 $0.5M\Omega$。

③ 用万用表依次测量手柄置于不同位置时各对触点的通断情况，根据结果做出凸轮控制器的触点分合表。

任务四 接 触 器

接触器是电力拖动和自动控制系统中应用最普遍的一种电器。它作为执行元件，可以远距离频繁地自动控制电动机的启动、运转和停止，具有控制容量大，工作可靠，操作频率高（每小时可以带电操作 1 200 次），使用寿命长等优点，因而在电力拖动系统中得到了广泛应用。

交流接触器按主触点通过的电流种类，分为交流接触器和直流接触器两种。

知识链接1 交流接触器

常用的交流接触器有 CJ0、CJ10 和 CJ20 等系列产品,本节以 CJ10 为例介绍交流接触器。

1. 型号及含义

CJ 系列交流接触器的型号与含义如下所示。

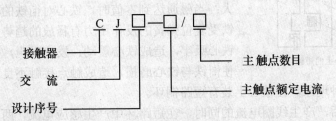

2. 基本结构

交流接触器的结构主要由触点系统、电磁系统、灭弧装置三大部分组成,另外还有反作用力弹簧、缓冲弹簧、触点压力弹簧和传统机构部分。图 3.14(a)是 CJ10-20 型交流接触器的结构图。

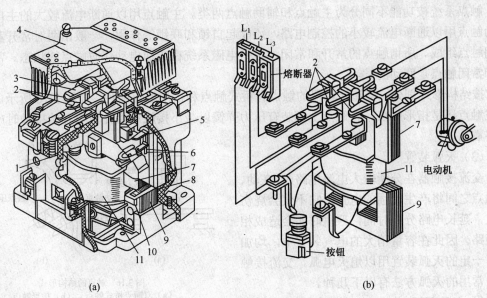

图 3.14 CJ10-20 型交流接触器的结构与工作原理
1—反作用弹簧 2—主触点 3—触点压力弹簧 4—灭弧罩 5—辅助常闭触点 6—辅助常开触点
7—动铁心 8—缓冲弹簧 9—静铁心 10—短路环 11—线圈

(1)电磁系统

电磁系统由电磁线圈、静铁心、动铁心(衔铁)等组成。其中动铁心与动触点支架相连。电磁线圈通电时产生磁场,使动、静铁心磁化而相互吸引,当动铁心被吸引向静铁心时,与动铁心相连的动触点也被拉向静触点，令其闭合接通电路。电磁线圈断电后，磁场消失，动铁心在复位弹簧作用下，回到原位，牵动动触点与静触点分离，分断电路。交流接触器动作原理如图3.14（b）所示。

为了减少工作过程中交变磁场在铁心中产生的涡流及磁滞损耗，避免铁心过热，交流接触器的铁心和衔铁一般用E形硅钢片叠压铆成。

交流接触器的铁心上有一个短路铜环，称为短路环，如图3.15所示。短路环的作用是减少交流接触器吸合时产生的震动和噪声。当线圈中通以交流电流时，铁心中产生的磁通也是交变的，对衔铁的吸力也是变化的。当磁通达到最大值时，铁心对衔铁的吸力最大；当磁通达到零值时，铁心对衔铁的吸力也为零值，衔铁受复位弹簧的反作用力有释放的趋势，这时衔铁不能被铁心吸牢，造成铁心震动，发出噪声，使人感到疲劳，并使衔铁与铁心磨损，造成触点接触不良，产生电弧灼伤触

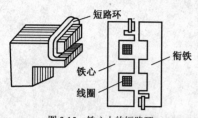

图3.15 铁心上的短路环

点。为了消除这种现象，在铁心上装有短路铜环。

当线圈通电后，产生线圈电流的同时，在短路环中产生感应电流，两者由于相位不同，各自产生的磁通的相位也不同。在线圈电流产生的磁通为零时，感应电流产生的磁通不为零而产生吸力，吸住衔铁，使衔铁始终被铁心吸牢，这样会使震动和噪声显著减小。气隙越小，短路环的作用越大，震动和噪声也越小。

（2）触点系统

触点系统按功能不同分为主触点和辅助触点两类。主触点用以通断电流较大的主电路；辅助触点用以通断电流较小的控制电路，还能起自锁和联锁等作用，一般由两对常开和两对常闭触点组成。所谓触点的常开和常闭，是指电磁系统在未通电动作时触点的状态。常开触点和常闭触点是联动的。

按结构形式划分，交流接触器的触点有桥式触点和指形触点两种，如图3.16所示。无论桥式触点还是指形触点，在触点上都装有压力弹簧以减小接触电阻并消除开始接触时产生的有害震动。

（3）灭弧装置

交流接触器在分断较大电流电路时，在动、静触点之间将产生较强的电弧，它不仅会烧伤触点，延长电路分断时间，严重时还会造成相间短路。因此在容量稍大的电气装置中，均加装了一定的灭弧装置用以熄灭电弧。交流接触器中常用的灭弧方法有以下几种。

① 电动灭弧

利用触点断开时本身的电动力把电弧拉长，以扩大电弧散热面积，使电弧在拉长过程中，大量散热而迅速熄灭。电弧灭弧如图3.17所示。

② 双断口灭弧

这种灭弧方法适用于桥式触点。它将电弧自然分成两段，在各段上利用电动力加快散热速度而灭弧。其装置如图3.18所示。

图3.16 触点的结构形式
（a）双断点桥式触点 （b）指形触点

③ 纵缝灭弧

这种灭弧方法是借助灭弧罩来完成灭弧任务的。灭弧罩制成纵缝，且上宽下窄，如图 3.19 所示。触点伸入灭弧罩下部宽缝中。触点分断时产生的电弧随热气流上升，在窄缝中传给室壁降温而熄弧。

图 3.17 电动灭弧

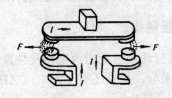

图 3.18 双断口灭弧

图 3.19 纵缝灭弧

④ 栅片灭弧

栅片灭弧要借助灭弧罩完成。这种灭弧罩用陶土或石棉水泥制成。如图 3.20 所示，灭弧罩内装有镀铜薄铁片组成的灭弧罩，各灭弧栅之间相互绝缘，触点分断电路时产生电弧，电弧又产生磁场，灭弧栅片系导磁材料，它将电弧上部的磁通通过灭弧栅片形成闭合回路。由于电弧的磁通上部稀疏，下部稠密，这种下密上疏的磁场分布将对电弧产生由下至上的电磁力，将电弧推入灭弧栅片中去，被灭弧栅片分割成几段短电弧，这不仅使栅片之间的电弧电压低于燃弧电压，而且通过栅片吸收电弧热量，使电弧很快熄灭。

（4）辅助部件

交流接触器除了上述三个主要部件外，还有反作用弹簧、缓冲弹簧、触点压力弹簧、传动装置及底座、接线柱等。

交流接触器在电路图中的符号如图 3.21 所示。

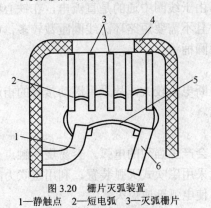

图 3.20 栅片灭弧装置
1—静触点 2—短电弧 3—灭弧栅片
4—灭弧罩 5—电弧 6—动触点

图 3.21 接触器符号
（a）线圈 （b）主触点 （c）辅助常开触点
（d）辅助常闭触点

3．选用与安装

电力拖动系统中，交流接触器可按下列方法选用：

（1）接触器主触点的额定电压应大于或等于被控制电路的最高电压。

（2）接触器主触点的额定电流应大于被控制电路的最大工作电流。用交流接触器控制电动机时，主触点的额定电流应大于电动机的额定电流。

（3）接触器电磁线圈的额定电压应与被控制辅助电路电压一致。对于简单电路，多用交流电压 380V 或 220V；在线路较复杂或有低压电源的场合或工作环境有特殊要求时，也可选用交流 36V、110V 电压等。

（4）接触器的触点数量和种类应满足主电路和控制电路的要求。

交流接触器的工作环境要求清洁、干燥。应将交流接触器垂直安装在底板上，注意安装位置不得受到剧烈震动，因为剧烈震动容易造成触点抖动，严重时会发生误动作。

➢ **知识链接2 直流接触器**

直流接触器是用于远距离接通和分断直流电路及频繁地操作和控制直流电动机的一种自动控制电器，常用的有 CZ0 系列，另外还有 CZ17、CZ18、CZ21 等多个系列，广泛应用于冶金、机械和机床的电气控制设备中。

1. 型号及含义

直流接触器的型号及含义如下所示。

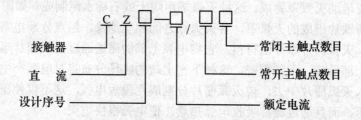

2. 结构

直流接触器的结构和工作原理与交流接触器基本相同，但也有一些区别。其结构主要由电磁系统、触点系统和灭弧装置三部分组成。

（1）电磁系统

直流接触器的电磁系统由线圈、铁心和衔铁组成。由于线圈中通的是直流电，在铁心中不会产生涡流，所以铁心可用整块铸钢或铸铁制成，并且不需要短路环。线圈匝数较多，电阻大，为了使线圈散热良好，通常将线圈做成长而薄的圆桶状。

（2）触点系统

直流接触器的触点也有主、辅之分。由于主触点通断电流较大，故采用滚动接触的指形触点。辅助触点通断电流较小，故采用双断点桥式触点。

（3）灭弧装置

直流接触器的主触点在断开较大直流电流电路时，会产生强烈的电弧，容易烧坏触点而不能连续工作。为了迅速使电弧熄灭，直流接触器一般采用磁吹式灭弧装置，利用磁吹力的作用将电弧拉长，并在空气和灭弧罩中快速冷却，从而使电弧迅速熄灭。

直流接触器由于通的是直流电，没有冲击启动电流，所以不会产生铁心猛烈撞击的现象，因此它的寿命长，适用于频繁启动的场合。其在电路图中的符号与交流接触器相同。

 操作分析 交流接触器的拆装与检修

1. 实训目的

（1）熟悉交流接触器的拆卸与装配工艺。

（2）能对交流接触器常见故障进行正确的检修。

2．实训器材

（1）工具：螺钉旋具、电工刀、尖嘴钳、剥线钳、镊子等。

（2）仪表：MF47 型万用表、5050 型兆欧表等。

（3）器材：交流接触器（CJ10-20）一只。

3．实训内容

交流接触器的拆卸、装配与检修

（1）拆卸

① 卸下灭弧罩紧固螺钉，取下灭弧罩。

② 拉紧主触点定位弹簧夹，取下主触点及主触点压力弹簧片。拆卸主触点时必须将主触点侧转 45°后取下。

③ 松开辅助常开静触点的线桩螺钉，取下常开静触点。

④ 松开接触器底部的盖板螺钉，取下盖板。在松盖板螺钉时，要用手按住螺钉并慢慢放松。

⑤ 取下静铁心缓冲绝缘纸片及静铁心。

⑥ 取下静铁心支架及缓冲弹簧。

⑦ 拔出线圈接线端的弹簧夹片，取下线圈。

⑧ 取下反作用弹簧。

⑨ 取下衔铁和支架。

⑩ 从支架上取下动铁心定位销。

⑪ 取下动铁心及缓冲绝缘纸片。

（2）检修

① 检查灭弧罩有无破裂或烧损，清除灭弧罩内的金属飞溅物和颗粒。

② 检查触点的磨损程度，磨损严重时应更换触点。若不需更换，则清除触点表面上烧毛的颗粒。

③ 清除铁心端面的油垢，检查铁心有无变形及端面接触是否平整。

④ 检查触点压力弹簧及反作用弹簧是否变形或弹力不足。如有需要则更换弹簧。

⑤ 检查电磁线圈是否有短路、断路及发热变色现象。

（3）装配

按拆卸的逆顺序进行装配。

（4）自检

用万用表欧姆挡检查线圈及各触点是否良好；用兆欧表测量各触点间及主触点对地电阻是否符合要求；用手按动主触点检查运动部分是否灵活，以防产生接触不良、振动和噪声。

4．注意事项

（1）拆卸过程中，应备有盛放零件的容器，以免丢失零件。

（2）拆卸过程中不允许硬撬，以免损坏电器。装配辅助静触点时，要防止卡住动触点。

任务五　常用继电器

继电器是一种小信号控制电器，它利用电流、电压、时间、速度、温度等作为输入信号来接通或断开小电流电路，实现自动控制和保护电力拖动装置。

继电器一般由感测机构、中间机构和执行机构三个基本部分组成。感测机构把感测到的电气量（电压、电流等）或非电气量（热量、时间、压力、转速等）传递给中间机构，将它与额定的整定值进行比较，当达到整定值（过量或欠量）时，中间机构便使执行机构动作，从而接通或分断被控电路。

由于继电器一般都不用来控制主电路，而是通过接触器和其他开关设备对主电路进行控制，因此继电器载流容量小，不需灭弧装置。继电器具有体积小，重量轻，结构简单等特点，但对其灵敏度和准确性要求较高。常用的继电器有热继电器、中间继电器、时间继电器、速度继电器和过电流继电器等。

➢ 知识链接 1　热继电器

热继电器是一种利用电流的热效应来对电动机或其他用电设备进行过载保护的控制电器。

电动机在运行过程中，如果长期过载，频繁启动，欠电压运行或断相运行等都可能使电动机的电流超过它的额定值。如果电流超过额定值的量不大，熔断器在这种情况下不会熔断，这样会引起电动机过热，损坏绕组的绝缘，缩短电动机的使用寿命，严重时甚至烧坏电动机。因此必须对电动机采取过载保护措施，最常用的是利用热继电器进行过载保护。

1. 热继电器型号及含义

热继电器的型号及其含义如下所示。

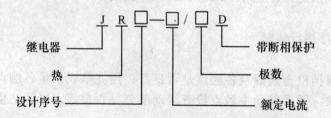

2. 热继电器结构

热继电器的外形及结构如图 3.22 所示。它主要由热元件、触点系统、运作机构、复位按钮和整定电流装置等组成。下面分别予以介绍。

（1）它有两块热元件，是热继电器的主要部分，由主双金属片及围绕在双金属片外面的电阻丝组成。双金属片是由两种热膨胀系数不同的金属片焊接而成的，如铁镍铬金和铁镍合金。电阻丝一般由康铜、镍铬合金等材料制成。使用时将电阻丝直接串接在异步电动机的两相电路中。

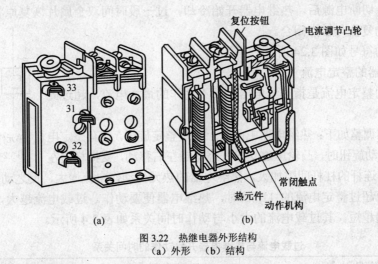

图 3.22 热继电器外形结构
（a）外形 （b）结构

（2）触点系统的触点由常闭触点和常开触点组成。

（3）动作机构由导板、温度补偿双金属片、推杆、动触点连杆和弹簧等组成。

（4）复位按钮用于继电器动作后的手动复位。

（5）整定电流装置由带偏心轮的旋钮来调节整定电流值。

2．热继电器的工作原理

如图 3.23 所示，当电动机绕组因过载引起电流过载时，发热元件所产生的热量足以使主双金属片弯曲，推动导板向右移动，又推动了温度补偿片，使推杆绕轴转动，推动动触点连杆，使动触点与静触点分开，从而使电动机线路中的接触器线圈断电释放，将电源切断，起到了保护作用。

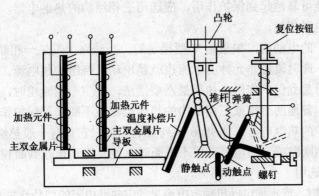

图 3.23 热继电器原理图

温度补偿片用来补偿环境温度对热继电器动作精度的影响，它是由与主双金属片同类的双金属片制成。当环境温度变化时，温度补偿片与主双金属片都在同一方向上产生附加弯曲，因而补偿了环境温度的影响。

热继电器动作后的复位有手动复位和自动复位两种。

手动复位：将调节螺钉拧出一段距离，使触点的转动超过一定角度，当双金属片冷却后，触点不能自动复位，这时必须按下复位按钮使触点复位，与触点闭合。

自动复位：切断电源后，热继电器开始冷却，过一段时间双金属片恢复原状，触点在弹簧的作用下自动复位与触点闭合。

热继电器的符号如图 3.24 所示。

3．热继电器的整定电流

热继电器的整定电流是指热继电器长期不动作的最大电流，超过此值就会动作。

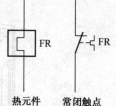

图 3.24　热继电器符号

整定电流的调整如下：热继电器中凸轮上方是整定旋钮，刻有整定电流值的标尺；旋动旋钮时，凸轮压迫支撑杆绕交点左右移动，支撑杆向左移动时，推杆与连杆的杠杆间隙加大，热继电器的热元件动作电流增大，反之动作电流减小。

当过载电流超过整定电流的 1.2 倍时，热继电器便要动作。过载电流越大，热继电器开始动作所需时间越短。其过载电流的大小与动作时间关系如表 3.4 所示。

表 3.4　　　　　　　　　　过载电流与热继电器开始动作的时间关系

整定电流倍数	动　作　时　间	起　始　状　态
1.0	长期不动作	从冷态开始
1.2	小于 20min	从热态开始
1.5	小于 2min	从热态开始
6	大于 5s	从冷态开始

4．三相结构及带断相保护的热继电器

上述的热继电器只有两个热元件，属于两相结构热继电器。一般情况下，电源的三相电压均衡，电动机的绝缘良好，电动机的三相线电流必相等，所以两相结构的热继电器对电动机的过载能进行保护。但是，当三相电源严重不平衡时，或者电动机的绕组内部发生短路故障时，就有可能使电动机的某一相的线电流比其余的两相线电流大；当恰巧该相线路中没有热元件时，就不可能可靠地起到保护作用，应选用三相结构的热继电器，其结构、动作原理与二相结构的热继电器相似。

热继电器所保护的电动机，如果是 Y 型接法的，当线路上发生一相断路（即缺相）时，另外两相发生过载，此时流过热元件的电流也就是电动机绕组的相电流，普通的热继电器二相或三相结构的都可起到保护作用。如果是△型接法，发生一相断相时，局部严重过载，而线电流大于相电流，普通的二相或三相结构的热继电器还不能起到保护作用，此时必须采用三相结构带断相保护的热继电器。如 JR16 系列热继电器，它具有一般热继电器的保护性能，且当三相电动机一相断路或三相电流严重不平衡时，能及时动作起到断相保护作用。

5．热继电器的选用

热继电器在选用时，应根据电动机额定电流来确定热继电器的型号及热元件的电流等级。

（1）根据电动机的额定电流选择热继电器的规格，一般应使热继电器的额定电流略大于电动机的额定电流。

（2）根据需要的整定电流值选择热元件的电流等级。一般情况下，热元件的整定电流为电动机额定电流的 0.95～1.05 倍。

（3）根据电动机定子绕组的连接方式选择热继电器的结构形式，即定子绕组作 Y 型连接的电动机选用普通三相结构的热继电器，而作△型连接的电动机应选用三相带断相保护装置的热继电器。

> ➢ **知识链接 2　中间继电器**

中间继电器是用来增加控制电路中的信号数量或将信号放大的继电器。其输入信号是线圈的通电和断电，输出信号是触点的动作，由于触点的数量较多，所以可以用来控制多个元件或回路。

1. 中间继电器的型号及含义

中间继电器的型号及其含义如下所示。

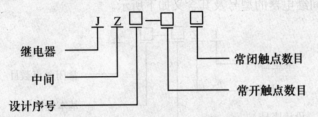

2. 中间继电器机构及工作原理

中间继电器的基本结构和工作原理与 CJ10-10 等小型交流接触器基本相同，它仍然由电磁线圈、动铁心、静铁心、触点系统、反作用弹簧和复位弹簧等组成，如图 3.25 所示。它的触点系统无主、辅之分，各对触点载流量基本相同，多为 5A。如果被控制电流在 5A 以下使用，相当于一个小的交流接触器。

中间继电器的符号如图 3.26 所示。

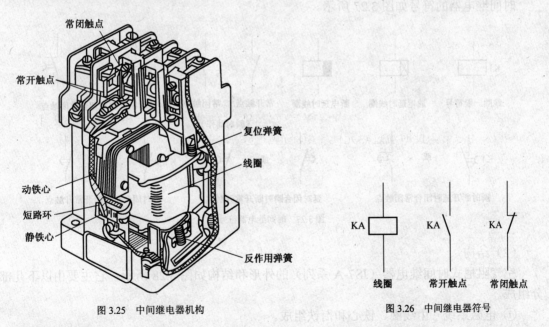

图 3.25　中间继电器机构　　　　　　　图 3.26　中间继电器符号

3. 中间继电器的选用

中间继电器主要依据被控制电路的电压等级，所需触点对数、种类、容量等要求来选择。

➤ **知识链接 3 时间继电器**

时间继电器是利用电磁原理或机械动作原理实现触点延时闭合或延时断开的自动控制电器。常用的时间继电器主要有电磁式、电动式、空气阻尼式、晶体管式等。它广泛应用于需要按时间控制顺序进行控制的电气控制线路中。

1. 空气阻尼式时间继电器

空气阻尼式时间继电器又称气囊式时间继电器，是利用气囊中的空气通过小孔的原理来获得延时动作的。根据触点延时的特点，可分为通电延时动作型和断电延时复位型两种。

（1）型号及含义

空气阻尼式时间继电器的型号及其含义如下所示。

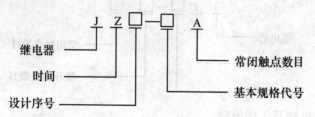

其中，基本规格代号：

1——通电延时，无瞬时触点；
2——通电延时，有瞬时触点；
3——断电延时，无瞬时触点；
4——断电延时，有瞬时触点；

时间继电器的符号如图 3.27 所示。

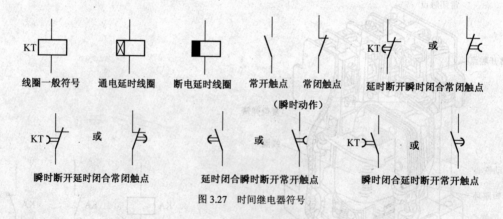

图 3.27 时间继电器符号

（2）结构

空气阻尼式时间继电器（JS7-A 系列）的外形和结构如图 3.28 所示，它主要由以下几部分组成。

① 电磁系统 由线圈、铁心和衔铁组成。

② 触点系统 包括两对瞬时触点（一常开、一常闭）和两对延时触点（一常开、一常闭），瞬时触点和延时触点分别是两个微动开关的触点。

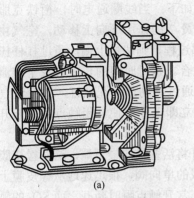

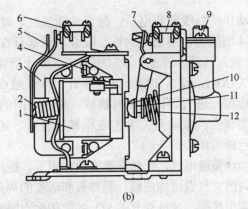

(a)　　　　　　　　　　　　　　　　　(b)

图 3.28　空气阻尼式时间继电器外形与结构

（a）外形　（b）结构

1—线圈　2—反力弹簧　3—衔铁　4—铁心　5—弹簧片　6—瞬时触点　7—杠杆　8—延时触点

9—调节螺钉　10—推杆　11—活塞杆　12—宝塔形弹簧

③ 空气室　空气室为一空腔，由橡皮膜、活塞等组成。橡皮膜可随空气的增减而移动，顶部的调节螺钉可调节延时时间。

④ 传动机构　由推杆、活塞杆、杠杆及各种类型的弹簧等组成。

⑤ 基座　用金属制成，用以固定电磁机构和气室。

（3）工作原理

空气阻尼式时间继电器（JS7-A 系列）的工作原理示意图如图 3.29 所示。其中图 3.29（a）所示为通电延时型，图 3.29（b）所示为断电延时型。

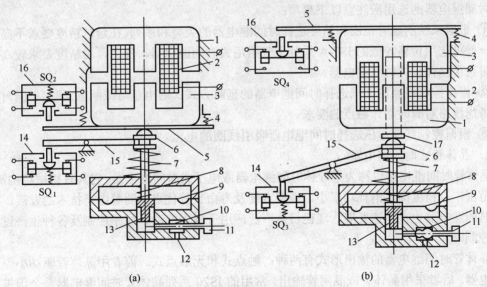

(a)　　　　　　　　　　　　　　　　　(b)

图 3.29　空气阻尼式时间继电器工作原理图

（a）通电延时型　（b）断电延时型

1—铁心　2—线圈　3—衔铁　4—反力弹簧　5—推板　6—活塞杆　7—宝塔形弹簧　8—弱弹簧　9—橡皮膜

10—节流孔　11—调节螺钉　12—进气孔　13—活塞　14、16—微动开关　15—杠杆　17—推杆

① 通电延时型

如图 3.29（a）所示。它的主要功能是线圈通电后，触点不立即动作，而要延长一段时

间才动作；当线圈断电后，触点立即复位。动作过程如下：当线圈通电时，衔铁克服反力弹簧 4 的阻力，与固定的铁心吸合，活塞杆在宝塔弹簧 7 的作用下向上移动，空气由进气孔 12 进入气囊。经过一段时间后，活塞才能完成全部过程，到达最上端，通过杠杆压动微动开关 XK_4，使常闭触点延时断开，常开触点延时闭合。延时时间的长短取决于节流孔的节流程度，进气越快，延时越短。延时时间的调节是通过旋动节流孔螺钉，改变进气孔的大小实现的。微动开关 SQ_3 在衔铁吸合后，通过推板立即工作，使常闭触点瞬时断开，常开触点瞬时闭合。

当线圈通电时，衔铁在弹簧的作用下，通过活塞杆将活塞推向最下端，这时橡皮膜下方气室内的空气通过橡皮膜、弱弹簧和活塞的局部所形成的单向阀，很迅速地从橡皮膜上方气室缝隙中排掉，使微动开关 SQ_4 的常闭触点瞬时闭合，常开触点瞬时断开，而 SQ_3 的触点也瞬时动作，立即复位。

② 断电延时型

如图 3.29（b）所示，它和通电延时型的组成元件是通用的，只是电磁铁翻转 180°。当线圈通电时，衔铁被吸合，带动推板压合微动开关 SQ_1，使常闭触点瞬时断开，常开触点瞬时闭合，同时衔铁压动推杆，使活塞杆克服弹簧的阻力向下移动，通过杠杆使微动开关 SQ_2 也瞬时动作，常闭触点断开，常开触点闭合，没有延时作用。

当线圈断电时，衔铁在反力弹簧的作用下瞬时断开，此时推板复位，使 SQ_1 的各触点瞬时复位，同时使活塞杆在塔式弹簧及气室各元件作用下延时复位，使 SQ_2 的各触点延时动作。

（4）选用

时间继电器的选用应注意以下事项：

① 根据系统的延时范围和精度选择时间继电器的类型和系列。在延时精度要求不高的场合，一般可选用价格较低的 JS7-A 系列空气阻尼式时间继电器，反之，对精度要求较高的场合，可选用晶体管式时间继电器。

② 根据控制线路的要求选择时间继电器的延时方式（通电延时或断电延时）。同时，还必须考虑线路对瞬时动作触点的要求。

③ 根据控制线路电压选择时间继电器吸引线圈的电压。

2．晶体管式时间继电器

晶体管时间继电器也称为半导体时间继电器或电子式时间继电器。它具有机械结构简单，延时范围广，精度高，消耗功率小，调整方便及寿命长等优点。随着电子技术的发展，晶体管式时间继电器也在迅速发展，现已日益广泛应用于电力拖动、顺序控制及各种生产过程的自动控制中。

晶体管时间继电器的输出形式有两种：触点式和无触点式。前者用晶体管驱动小型电磁式继电器，后者采用晶体管或晶闸管输出。常用的 JS20 系列晶体管时间继电器是全国推广的统一设计产品，适用于交流 50Hz、电压 380V 及以下或直流 110V 及以下的控制电路，作为时间控制元件，按预定的时间延时，周期性地接通或分断电路。

➤　知识链接 4　电流继电器

根据线圈中电流的大小而接通或断开电路的继电器成为电流继电器。电流继电器的线圈串接在电路中。为了不影响电路工作情况，电流继电器吸引线圈匝数少，导线粗。

电流继电器分为过电流继电器和欠电流继电器两种。

1. 过电流继电器

当继电器线圈电流高于整定值而动作的继电器称为过电流继电器。它主要用于频繁和重载启动场合，作为电动机或主电路的短路和过载保护。

（1）型号及含义

常用的过电流继电器有 JT4 系列交流通用继电器和 JL14 系列交直流通用继电器，其型号及含义分别如下所示。

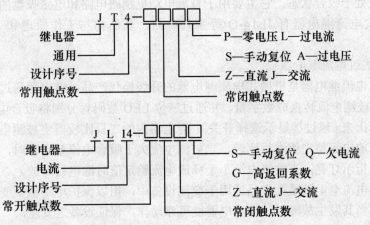

（2）结构及工作原理

JT4 系列过电流继电器的外形结构及工作原理如图 3.30 所示。它主要由铁心、线圈、衔铁、触点系统和反作用弹簧等组成。

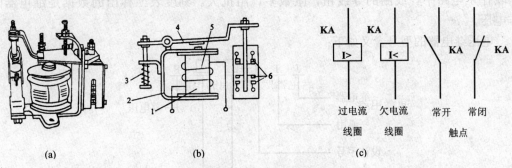

图 3.30　JT4 系列电流继电器
（a）外形　（b）结构　（c）符号
1—铁心　2—磁轭　3—反作用弹簧　4—衔铁　5—线圈　6—触点

过电流继电器在正常工作时，电流线圈通过的电流为额定值，所产生的电磁力不足以克服反作用弹力，常闭触点仍保持闭合状态；当通过线圈的电流超过额定值后，电磁吸力大于反作用弹簧拉力，铁心吸引衔铁，使常闭触点断开，常开触点闭合。

调节反作用弹簧弹力，可调定继电器的动作电流值。

JT4 系列为交流通用继电器，在这种继电器的磁系统上装设不同的线圈，便可制成过电流、欠电流、过电压或欠电压等继电器。

（3）选用

选用过电流继电器时，应注意如下几点。

① 过电流继电器的额定电流一般可按电动机长期工作的额定电流来选择。对于频繁启动的电动机，由于启动电流的发热效应，继电器线圈的额定电流可选大一个等级。

② 过电流继电器的触点类型、数量和额定电流应满足控制线路的要求。

③ 过电流继电器的整定值一般为电动机额定电流的 1.7～2 倍。

2. 欠电流继电器

欠电流继电器是当线圈电流降到低于整定值时开关触点才释放的继电器，所以线圈电流正常时，衔铁处于吸合状态。它主要用于直流电动机励磁电路和电磁吸盘的失磁保护。

常用的欠电流继电器有 JL14-Q 等系列产品，其结构与工作原理和 JT4 系列继电器相似。

3. 电子式过电流继电器

电子式过电流继电器是机械式电流继电器的升级换代产品；继电器通过取样电阻及 A/D 转换电路，将被测电流转换成数字量，并通过三位 LED 数码管分别将吸合电流、释放电流及被测电流显示出来（通过拨显示选择开关）；继电器内的二只比较器将被测电流分别与吸合电流整定值、释放电流整定值进行比较，当被测电流大于吸合电流整定值时，继电器吸合，此时面板上红色指示灯亮；当被测电流小于释放电流整定值时继电器释放。

电子式过电流继电器系列产品适用于交流设备中，用以保护电动机、变压器与输电线的过载及短路。当其发生故障时，该继电器能可靠动作，保证设备之安全。

➢ **知识链接5　电压继电器**

根据线圈两端电压的大小而接通或断开电路的继电器称为电压继电器。这种继电器并联在主电路中，线圈的导线粗，匝数多，阻抗大。刻度表上标出的数据是继电器的动作电压。

电压继电器的型号含义如下：

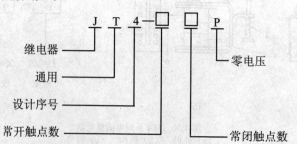

电压继电器有过电压继电器和欠电压（或零压）继电器之分。常用的电压继电器的外形结构及动作原理与电流继电器相似。一般情况下，过电压继电器在 1～1.15 倍额定电压以上时动作，对电路进行过电压保护；欠电压继电器在电压为 0.4～0.7 倍额定电压时动作，对电路进行欠压保护。

电压继电器在电气原理图中的符号如图 3.31 所示。

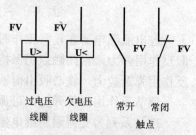

图 3.31　电压继电器符号

> **知识链接 6 速度继电器**

速度继电器又称为反接制动继电器。它的作用是对电动机实现反接制动控制，广泛应用于机床控制电路中。常用速度继电器有 JY1 和 JFZ0 等两个系列。

1．型号及含义

以 JFZ20 系列为例，介绍速度继电器的型号及其含义，如下所示。

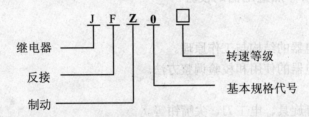

J F Z 0 □

继电器 ——
反接 ——
制动 ——

转速等级
基本规格代号

2．速度继电器的结构及工作原理

JY1 型速度继电器的基本结构如图 3.32 所示。它主要由用永久磁铁制成的转子、用硅钢片叠压而成的铸有笼形绕组的定子、支架、胶木摆杆和触点系统等组成，其中转子与被控制电动机的转轴相接。

需要电动机制动时，被控制电动机带动速度继电器转子转动。该转子的旋转磁场在速度继电器定子绕组中感应出电动势和电流，通过左手定则可以判断，此时定子受到与转子转向相同的电磁转矩的作用，使定子和转子沿着同一方向转动。定子上有胶木摆杆，胶木摆杆也随着定子转动，并推动簧片（端部有动触点）断开常闭触点，接通常开触点，切断电动机正转电路，接通电动机反转电路而完成反接制动。

JY1 型速度继电器在被控制电动机转速为 300～3 000r/min 范围内能可靠工作，实现反接制动；当被控制电动机转速低于 100r/min 时，它的转子停转，恢复原状，分断反接制动电路。实际上，被控制电动机转速低于 100r/min 时，已完成制动，应该切断制动电路，避免电动机反转，这正好满足了电动机制动的要求。

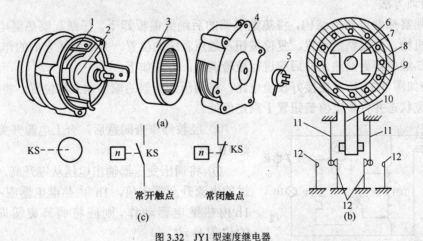

图 3.32 JY1 型速度继电器
（a）外形 （b）结构 （c）符号
1—可动支架 2—转子 3—定子 4—端盖 5—连接头 6—电动机转轴 7—转子（永久磁铁）
8—定子 9—定子绕组 10—胶木摆杆 11—簧片（动触点）12—静触点

3. 选用

速度继电器主要根据所需控制的转速大小、触点数量和电压与电流来选用。

操作分析

✓ **操作分析 1 热继电器的校验**

1. 实训目的

（1）熟悉热继电器的结构与工作原理。

（2）掌握热继电器的使用和校验调整方法。

2. 实训器材

（1）工具：螺钉旋具、电工刀、尖嘴钳等。

（2）仪表：交流电流表（5A）、秒表。

（3）器材：见表3.5。

表 3.5   元件明细表

代　号	名　称	型号规格	数　量
FR	热继电器	JR16-20、热元件 16A	1
TC1	接触式调压器	TDGC2-5/0.5	1
TC2	小型变压器	DG-5/0.5	1
QS	开启式负荷开关	HK1-30、二极	1
TA	电流互感器	HL24、100/5A	1
HL	指示灯	220V、15W	1
	控制板	500mm×400mm×20mm	1
	导线	BVR-4.0、BVR-1.5	若干

3. 实训方法

（1）观察热继电器的结构，将热继电器的后绝缘盖板卸下，仔细观察热继电器的结构，指出动作机构、电流整定装置、复位按钮及触点系统的位置，并能叙述它们的作用。

（2）热继电器更换热元件后应进行校验调整，方法如下：

① 按如图 3.33 所示连接好校验电路。将调压变压器的输出调到零位置。将热继电器置于手动复位状态并将整定值旋钮置于额定值处。

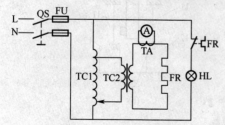

图 3.33　热继电器校验电路图

② 经教师审查同意后，合上电源开关 QS，指示灯 HL 亮。

③ 将调压变压器输出电压从零升高，使热元件通过的电流升至额定值，1h 内热继电器应不动作；若 1h 内热继电器动作，则应将调节旋钮向整定值小的位置移动。

④ 接着将电流升至 1.2 倍额定电流，热继电器应在 20min 内动作，指示灯 HL 熄灭；若 20min 内不动作，则应将调节旋钮向整定值小的位置

旋动。

⑤ 将电流降至零，待热继电器冷却并手动复位后，再调升电流至 1.5 倍额定值，热继电器应在 2min 内动作。

⑥ 再将电流降至零，待热继电器冷却并复位后，快速调升电流至 6 倍额定值，断开 QS 后再随即合上，其动作时间应大于 5s。

（3）复位方式的调整：

热继电器出厂时，一般都调在手动复位状态，如果需要自动复位，可将复位调节螺钉顺时针旋进。自动复位时应在动作后 5min 内自动复位；手动复位时，在动作 2min 后，按下手动复位按钮，热继电器应复位。

4．注意事项

（1）校验时的环境温度应尽量接近工作环境温度，连接导线长度一般不应小于 0.6m，连接导线的截面积应与使用时的实际情况相同。

（2）校验过程中电流变化较大，为使测量结果准确，校验时注意选择电流互感器的合适量程。

（3）通电校验时，必须将热继电器、电源开关等固定在校验板上，并有指导教师监护，以确保用电安全。

（4）电流互感器通电过程中，电流表回路不可开路，接线时应充分注意。

✓ 操作分析2 时间继电器的检修与校验

1．实训目的

（1）熟悉 JS7-A 系列时间继电器的结构，学会对其触点进行整修。

（2）将 JS7-2A 型时间继电器改装成 JS7-4A 型，并进行通电校验。

2．实训器材

（1）工具：螺钉旋具、电工刀、尖嘴钳、测电笔、剥线钳、电烙铁等。

（2）器材：见表 3-6。

表 3.6 元件明细表

代 号	名 称	型 号 规 格	数 量
KT	时间继电器	JS7-2A、线圈电压 380V	1
QS	组合开关	HZ10-25/3、三极、25A	1
FU	熔断器	RL1-15/2、15A、配熔体 2A	1
SB1、SB2	按钮	LA4-3H、保护式、按钮数 3	1
HL	指示灯	220V、15W	3
	控制板	500mm×400mm×20mm	1
	导线	BVR-1.0、1.0 mm^2	若干

3．实训方法

（1）整修 JS-2A 型时间继电器的触点

① 拧松延时或瞬时微动开关的紧固螺钉，取下微动开关。

② 均匀用力慢慢撬开并取下微动开关盖板。

③ 小心取下动触点及附件，要防止用力过猛而弹失小弹簧和薄垫片。

④ 进行触点整修。整修时，不允许用砂纸或其他研磨材料，而应使用锋利的刀刃或细锉修平，然后用净布擦净，不得用手指直接接触触点或用油类润滑，以免沾污触点。整修后的触点应做到接触良好。若无法修复应调换新触点。

⑤ 按拆卸的逆顺序进行装配。

⑥ 手动检查微动开关的分合是否瞬间动作，触点接触是否良好。

（2）改装的过程如下。

JS7-2A 型改装成 JS7-4A 型

① 松开线圈支架紧固螺钉，取下线圈和铁心总成部件。

② 将总成部件沿水平方向旋转180°后，重新旋上紧固螺钉。

③ 观察延时和瞬时触点的动作情况，将其调整在最佳位置上。调整延时触点时，可旋松线圈和铁心总成部件的安装螺钉，向上或向下移动后再旋紧。调整瞬时触点时，可松开安装瞬时微动开关底板上的螺钉，将微动开关向上或向下移动后再旋紧。

④ 旋紧各安装螺钉，进行手动检查，若达不到要求须重新调整。

（3）通电校验

通电校验的步骤如下。

① 将整修和装配好的时间继电器按如图 3.34 所示接入线路，进行通电校验。

② 通电校验要做到一次通电校验合格。通电校验合格的标准为：在 1min 内通电频率不少于 10 次，做到各触点工作良好，吸合时无噪声，铁心释放无延缓，并且每次动作的延时时间一致。

4．注意事项

（1）拆卸时，应备有盛放零件的容器，以免丢失零件。

（2）整修和改装过程中，不允许硬撬，以防止损坏电器。

（3）按如图 3.34 所示进行校验接线时，要注意各接线端子上线头间的距离，防止相间短路故障。

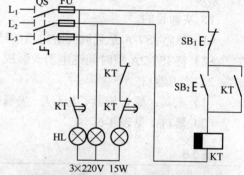

图 3.34 JS7-A 系列时间继电器校验电路图

（4）通电校验后，必须将时间继电器紧固在控制板上并可靠接地，且有指导教师监护，以确保用电安全。

（5）改装后的时间继电器，在使用时要将原来的安装位置旋转180°，使衔铁释放时的运动方向始终保持垂直向下。

思考与练习

1．常见的低压开关有哪几种？它的主要作用是什么？

2．自动空气开关主要有哪些作用？简述短路保护和欠电压保护的动作过程。

3．试检修由熔断器引起的电路时通、时断的故障（说明原因与排故方法）。

4．怎样修理按钮开关接触不良的故障？

5．行程开关有何作用？例举生产或生活中的应用实例。

6．交流接触器铁心上的短路环有何作用？

7．从交流接触器的自锁触点、线圈、铁心三个方面说明交流接触器铁心的电磁吸力不足的原因（吸力不足时铁心有振动声或动铁心吸合后就被释放）？

8．热继电器是怎样完成过载保护的？选择过载整定电流有何规定？

9．怎样把 JS7-A 系列通电延时时间继电器改成断电延时时间继电器？

10．怎样选用过流继电器？

11．过压、欠压继电器在什么状况下会对电路进行保护？

*项目四

电力整流与逆变电路

本项目主要介绍晶闸管的工作原理，单相半波、全波可控整流电路，三相半波、全波可控整流电路以及变频原理。

知识目标
- 理解半波、全波可控电路的工作原理，了解逆变电路的工作原理。
- 掌握异步电动机变频调速的原理，了解异步电动机变频调速运行的基本参数。

技能目标
- 学习单结晶体管的触发电路的调试。掌握单相半波可控电路、单相桥式半控整流电路、三相桥式半控整流电路的调试。
- 学习三相正弦波脉宽调制变频的控制。

任务一 晶闸管的结构与半控原理

晶闸管全称硅晶体闸流管，旧称为可控硅，是一种大功率的变流电子器件，主要用于大功率的交流电能和直流电能的相互转换：将交流电转换成直流电，并使输出电压可调，即可控整流；将直流电转换成交流电，即逆变。

基础知识

➢ 知识链接1 晶闸管的结构、符号和类型

1. 结构

无论什么类型的晶闸管，管芯都是由四层半导体材料（P，N，从加）交替组成。它共有三个 PN 结（J1，J2，J3），对外有三个电极，由外层的 P 层和 N 层分别引出阳极 A 和阴极 K，由中间的 P 层引出门极 G，门极又叫控制极，如图 4.1 所示。晶闸管的文字符号是 V，图形符号如图 4.1（c）所示。

2. 类型

常用的晶闸管有螺栓式和平板式，另外还有小电流塑封式，其外形如图4.2所示。带有螺栓的一端是阳极A，使用时紧贴在散热器上，便于螺栓型晶闸管的散热，较粗的引线是晶闸管的阴极K，较细的引线是晶闸管的门极G。对于平板式晶闸管，中间金属环连接出来的引线为门极，离门极较远的端面是阳极，较近的端面是阴极。使用时由两个彼此绝缘的散热器片把其紧夹在中间，散热效果很好，适用于电流大的场合。

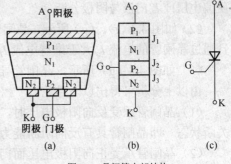

图4.1 晶闸管内部结构

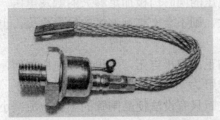

图4.2 螺栓式晶闸管平板型晶闸管外形及结构

> **知识链接.2 晶闸管的工作原理**

如图4.3所示，合上图4.3（a）、（b）、（c）、（d）、（e）中的开关，发现灯泡不亮，说明晶闸管处于截止状态。合上图4.3（f）中的开关，灯泡亮了，说明晶闸管的阳极与阴极、门极与阴极加了正偏电压，晶闸管就可以导通。通过图4.3（g）所示电路做进一步实验，调大 R_p 使通过晶闸管的电流 I_a 减小，当 I_a 小到 I_H 以下时，灯泡就不亮了，说明晶闸管又处于截止状态。可见，要保证让晶闸管导通，通过它的电流应大于 I_H，I_H 是维持晶闸管导通的电流，简称维持电流。

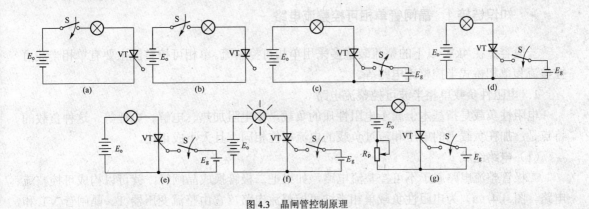

图4.3 晶闸管控制原理

通过图4.3所示的实验我们可以得到：

（1）如图4.3（a）、（b）、（c）、（d）、（e）所示，晶闸管的门极、阳极、阴极的偏置电压只要出现下列 3 种情况之一，晶闸管就不会导通，即阳极与阴极加反偏电压、门极与阴极加反偏电压或者门极与阴极分断。

（2）如图 4.3（f）、（g）所示，晶闸管阳极与阴极加正偏电压，门极与阴极也加正偏电压，且通过晶闸管的电流 I_a 大于维持电流 I_H 时，晶闸管才能导通。

（3）如图 4.3（g）所示，晶闸管导通后，断开门极正偏电压后晶闸管仍然导通。

由以上分析可得出以下结论：

（1）晶闸管承受反向阳极电压时，不管门极加不加电压及承受何种电压，晶闸管都处于关断状态。即晶闸管具有反向阻断能力。

（2）晶闸管承受正向阳极电压而门极不加触发电压时，晶闸管仍处于阻断状态，即晶闸管具有正向阻断能力。正向阻断特性是一般二极管所不具备的。

（3）晶闸管导通的条件是：阳极加正向电压的同时门极加足够大的触发电压。

需要注意的是，如果门极触发电压不够大，则不会产生足够大的触发电流，也就不会使晶闸管触发导通。

（4）晶闸管在导通情况下，只要有一定的正向阳极电压，不论门极电压如何，晶闸管总保持导通，即晶闸管导通后，门极失去控制作用。

（5）晶闸管在导通情况下，要使晶闸管关断只有设法使晶闸管的阳极电流减小到维持电流以下，可通过减小阳极电压使其接近零来实现。

任务二　晶闸管可控整流电路

在生产实践中，往往需要使直流电源的输出电压可调，用晶闸管组成的可控整流电路，能把交流电变换成大小连续可调的直流电。晶闸管可控整流电路分单相可控整流电路和三相可控整流电路。

➤ 知识链接 1　晶闸管单相可控整流电路

一般容量在 4kW 以下的整流装置多采用单相可控整流。单相可控整流主要有单相半波可控整流和单相桥式半控整流电路等。

1. 电阻性负载单相半波可控整流电路

电阻性负载是指基本上属于电阻性质的负载，如电阻加热、电解、电镀等。这种负载的特点是：加在负载上的电压和流过负载的电流相位相同，且大小成正比。

（1）电路组成

二极管整流电路属于不可控整流电路，如果把二极管换成晶闸管，就可以构成可控整流电路。图 4.4（a）为电阻性负载单相半波可控整流电路，它由整流变压器 T、晶闸管 VT 和负载电阻 R 组成。变压器 T 用来把电网电压变换成整流所需的电压值，它的一次和二次电压的瞬时值分别用 u_1 和 u_2 表示，有效值分别用 U_1 和 U_2 表示，其中，U_2 的大小取决于所需要的直流输出电压的平均值 U_L。

（2）工作原理

由晶闸管的导通条件可知，若门极不加触发电压，无论电源电压 u_2 处于正半周还是负半周，晶闸管均不会导通。因此，如图 4.4（b）所示，在 t_1 时刻（$\omega t=\alpha$）之前，虽然此时施加到晶闸管的阳极电压为正，但由于没有门极触发电压，晶闸管处于正向阻断状态，此时输出电流 $i_L=0$，负载上的电压（输出电压）u_L 为 0，电源电压全部降在晶闸管上，即 $u_v=u_2$（u_v 为晶闸管的阳极电压）。

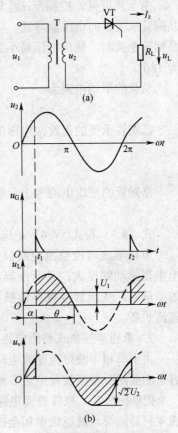

图 4.4 单相半波可控整流电路及波形
（a）电路图 （b）波形图

在 t_1 时刻，触发脉冲 u_G 加到晶闸管的门极，晶闸管被触发导通，电流经晶闸管 VT 流过负载，如果忽略管压降（1V），则输出电压（负载电压）的瞬时值 u_L 等于交流电源电压的瞬时值 u_2。

由于晶闸管一旦被触发导通，门极就失去控制作用，触发信号只需一脉冲电压就能使晶闸管在电源电压正半周经触发后一直导通，直到当 u_2 下降到接近零值时，晶闸管中正向电流降至维持电流以下而使其关断。此时输出电压和电流均为 0。在 u_2 的负半周，晶闸管因承受反向电压而处于反向阻断状态，负载上的电压和电流均为零。

第二个正半周，再在相应的 t_2 时刻（第二个周期的相当于 ωt_1 时刻）加入触发脉冲，晶闸管再次被触发导通。如此不断循环下去。这样触发脉冲周期性地（与变压器二次侧电压同步）重复加在门极上，负载 R_L 上就可以得到单向脉动的直流电压。输出电流的波形和输出电压的波形相似，也是单向脉动的直流电压，它的大小可由欧姆定律决定，即 $i_L=u_L/R_L$。输入电压 u_2、触发电压 u_G、输出电压 u_L 及晶闸管承受的电压 u_v 的波形见图 4.4（b）。

如果改变触发脉冲的出现时刻，输出电压和电流的波形也就跟着改变，具有输出电压和电流的可控性。另外由于输出电压的波形只在电源电压的正半周内出现，所以称为半波整流。

下面介绍几个术语：

① 控制角：在 u_2 的每个正半周，从晶闸管承受正向电压到加入门极触发电压使晶闸管开始导通之间的电角度叫做控制角，又称为触发脉冲的移相角，用 α 表示。

② 导通角：在每个正半周内晶闸管导通时间对应图 4.4（b）所示的单相半波可控整流的电角度叫做导通角，用 θ 表示。显然在这里 $\alpha+\theta=\pi$。

③ 移相范围：α 的变化范围称为移相范围。

很明显，α 和 θ 都是用来表示晶闸管在承受正向电压的半个周期内的导通或阻断范围的。通过改变控制角 α 或导通角 θ，可以改变触发脉冲的出现时刻，也就可以改变输出电压的大小，实现了可控整流。

（3）输出电压和电流

经数学推导，输出电压的平均值为

$$U_L=0.45U_2(1+\cos\alpha)/2 \tag{4.1}$$

由上式可见，控制角 α 越大，输出电压越小，反之输出电压越大。当 $\theta=0°$、$\theta=180°$ 时，晶闸管承受正向电压就导通，与二极管整流一样，输出电压最大为 $0.45U_2$，当 $\alpha=180°$ $\theta=0°$ 时，晶闸管全关断，输出电压最小为零。所以在单相半波可控整流电路中，触发脉冲的移相范围为 $180°$。

负载的平均电流为

$$I_L=0.45U_2(1+\cos\alpha)/(2R_L) \tag{4.2}$$

晶闸管承受的正反向电压的最大值为

$$U_{FM}=U_{RM}=\sqrt{2}\,U_2 \tag{4.3}$$

晶闸管的平均电流等于负载电流的平均值，即

$$I_F=I_L \tag{4.4}$$

式（4.3）和式（4.4）是选择晶闸管的依据。

单相半波可控整流电路只用一只晶闸管，线路简单，调整方便，但接电阻性负载时输出电压脉动幅度大，且变压器次级线圈中的直流电流将造成铁心的直流磁化，使变压器的效率降低，变压器容量不能被充分利用，因而只适用于对直流电压要求不高的小功率可控整流设备。

2. 单相半控桥式整流电路

由于单相半波可控整流电路具有上述明显缺点，为了较好地满足负载的要求，在一般小容量的晶闸管整流装置中更多地采用单相桥式可控整流电路。

把单相桥式二极管整流电路的 4 只整流二极管换成 4 只晶闸管，就组成单相全控桥式整流电路。由于单相桥式全控整流电路需要 4 只晶闸管，成本高，另外还要求承受正向偏置电压的 2 只晶闸管必须同时被触发导通，这就对触发电路的要求提高了，使触发电路变得很复杂，所以一般较少采用全控整流，而多采用由两个晶闸管和两个二极管组成的单相桥式半控整流电路。

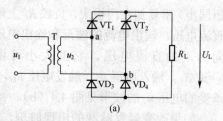

（1）电路组成

图 4.5 所示为单相半控桥式整流电路，两个晶闸管 VT$_1$、VT$_2$ 和两个二极管 VD$_3$、VD$_4$ 组晶闸管 VT$_1$ 和 VT$_2$ 的阴极接在一起，触发脉冲同时加在两管的门只能是阳极承受正向电压的那只晶闸管。

（2）工作原理

在电源电压 u_2 的正半周，a 为正，b 为负，VT$_1$、VD$_4$ 处于正向电压，根据晶闸管的导通条件，t_1 时刻触发冲到来之前，两个晶闸管均处于阻断状态，此时输电压 $U_L=0$；t_1 时刻由于加入触发脉冲 u_G，VT$_1$ 被触

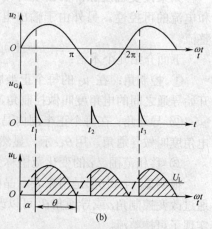

图 4.5 单相半控桥式整流电路
（a）电路图 （b）波形图

发导通，电流回路为：a→VT$_1$→R$_L$→VD$_4$→b，此时，VT$_2$、VD$_3$因承受反压而关断，忽略导通管压降的情况，输出电压 $u_L=u_2$。VT$_2$承受的电压为 $u_{V2}=-u_2$。当 u_2 接近零时，VT$_1$ 因正向电流小于维持电流而关断。

u_2 的负半周，a 为负，b 为正，VT$_2$ 和 VD$_3$ 承受正向电压。t_2 时刻触发脉冲到来之前，两个晶闸管均处阻断状态，输出电压 $u_L=0$。t_2 时刻随着触发脉冲加入，VT$_2$ 触发导通，电流回路为：b→V2→R$_L$→V3→a，此时 VT$_1$ 和 VD$_4$ 因承受反压而关断，忽略导通管压降，输出电压 $u_L=-u_2$，$u_{v1}=u_2$。

如此循环下去。相关波形见图4.5（b）。由图可见，负载在电源电压的正负两个半周都有电流流过，一个周期有两个脉动电压波形输出，属全波整流，且脉动程度比半波可控整流要小。另外，变压器二次绕组中，电源电压的正负半周都有电流流过，且电流的方向相反，波形对称，因此不存在半波可控整流电路中的直流磁化的问题，提高了变压器绕组的利用效率。

（3）输出电压和电流

经数学推算，单相半控桥式整流电路输出电压平均值为

$$U_L=0.9U_2(1+\cos\alpha)/2 \tag{4.5}$$

式中，U_2 为变压器二次侧电压 u_2 的有效值。

由上式可见，晶闸管可控移相范围为 180°，
输出电流的平均值为

$$I_L=0.9U_2(1+\cos\alpha)/2R_L \tag{4.6}$$

由于 VT$_1$、VD$_4$ 和 VT$_2$、VD$_3$ 在电路中轮流导通，所以每只晶闸管导通平均电流为负载平均电流的一半：

$$I_F=0.5I_L \tag{4.7}$$

每只整流管承受的正反向电压的最大值为：

$$U_{FM}=U_{RM}=\sqrt{2}\,U_2 \tag{4.8}$$

 操作分析

✓ **操作分析1 单相半波可控整流电路实训**

1. 实训目的
（1）掌握单结晶体管触发电路的调试步骤和方法。
（2）掌握单相半波可控整流电路在电阻负载及电阻电感性负载下的工作。
（3）了解续流二极管的作用。

2. 实训设备
（1）DJK01 电源控制屏 该控制屏包含"三相电源输出"，"励磁电源"等几个模块。
（2）DJK02 晶闸管主电路 该挂件包含"晶闸管"，以及"电感"等几个模块。
（3）DJK03-1 晶闸管触发电路 该挂件包含"单结晶体管触发电路"模块。
（4）DJK06 给定及实训器件 该挂件包含"二极管"以及"开关"等几个模块。

（5）D42 三相可调电阻。

（6）双踪示波器　自备。

（7）万用表　自备。

3．实训线路

将 DJK03-1 挂件上的单结晶体管触发电路的输出端"G"和"K"接到 DJK02 挂件面板上的反桥中的任意一个晶闸管的门极和阴极，并将相应的触发脉冲的钮子开关关闭（防止误触发），图中的 R 负载用 D42 三相可调电阻，将两个 900Ω 电阻接成并联形式。二极管 VD_1 和开关 S_1 均在 DJK06 挂件上，电感 L_d 在 DJK02 面板上，有 100mH、200mH、700mH 三挡可供选择，本实训中选用 700mH。直流电压表及直流电流表从 DJK02 挂件上得到。

4．技能训练

（1）单结晶体管触发电路的调试

将 DJK01 电源控制屏的电源选择开关打到"直流调速"侧，使输出线电压为 200V，用两根导线将 200V 交流电压接到 DJK03-1 的"外接 220V"端，按下"启动"按钮，打开 DJK03-1 电源开关，用双踪示波器观察单结晶体管触发电路中整流输出的梯形波电压、锯齿波电压及单结晶体管触发电路输出电压等波形。调节移相电位器 R_P，观察锯齿波的周期变化及输出脉冲波形的移相范围能否在 30°～170° 范围内移动。

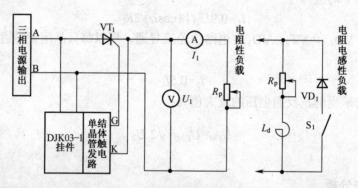

图 4.6　单相半波可控整流电路

（2）单相半波可控整流电路接电阻性负载

触发电路调试正常后，按图 4.6 电路图接线。将电阻器调在最大阻值位置，按下"启动"按钮，用示波器观察负载电压 U_d 和晶闸管 VT 两端电压 U_{VT} 的波形；调节电位器 R_P，观察 $\alpha=30°$、60°、90°、120°、150° 时 U_d 和 U_{VT} 的波形，并测量直流输出电压 U_d 和电源电压 U_2，记录于下表中。

α	30°	60°	90°	120°	150°
U_2					
U_d（记录值）					
U_d/U_2					
U_d（计算值）					

$$U_d=0.45U_2(1+\cos \alpha)/2$$

（3）单相半波可控整流电路接电阻电感性负载

将负载电阻 R 改成电阻电感性负载（由电阻器与平波电抗器 L_d 串联而成）。暂不接续流二极管 VD_1，在不同阻抗角（阻抗角 $\phi=\arctan(\omega L/R)$，保持电感量不变，改变 R 的电阻值，注意电流不要超过 1A）情况下，观察并记录 $\alpha=30°$、$60°$、$90°$、$120°$ 时的直流输出电压值 U_d 及 U_{VT} 的波形。

α	30°	60°	90°	120°	150°
U_2					
U_d（记录值）					
U_d/U_2					
U_d（计算值）					

接入续流二极管 VD_1，重复上述实训，观察续流二极管的作用，以及 U_{VD1} 波形的变化。

α	30°	60°	90°	120°	150°
U_2					
U_d（记录值）					
U_d/U_2					
U_d（计算值）					

5．预习要求

（1）阅读电力电子技术教材中有关单结晶体管的内容，弄清单结晶体管触发电路的工作原理。

（2）复习单相半波可控整流电路的有关内容，掌握单相半波可控整流电路接电阻性负载和电阻电感性负载时的工作波形。

（3）掌握单相半波可控整流电路接不同负载时 U_d、I_d 的计算方法。

6．思考题

（1）单结晶体管触发电路的振荡频率与电路中电容 C_1 的数值有什么关系？

（2）单相半波可控整流电路接电感性负载时会出现什么现象？如何解决？

7．实训报告

实训报告的主要内容包括：

（1）画出 $\alpha=90°$ 时，电阻性负载和电阻电感性负载的 U_d、U_{VT} 波形。

（2）画出电阻性负载时 $U_d/U_2=f(\alpha)$ 的实训曲线，并与计算值 U_d 的对应曲线相比较。

（3）分析实训中出现的现象，写出体会。

8．注意事项

（1）在本实训中触发电路选用的是单结晶体管触发电路，同样也可以用锯齿波同步移相触发电路来完成实训。

（2）在实训中，触发脉冲是从外部接入 DJK02 面板上晶闸管的门极和阴极的，此时，应将所用晶闸管对应的正桥触发脉冲或反桥触发脉冲的开关拨向"断"的位置，避免误触发。

（3）为避免晶闸管意外损坏，实训时要注意以下几点。

① 在主电路未接通时，首先要调试触发电路，只有触发电路工作正常后，才可以接通主电路。

② 在接通主电路前，必须先将控制电压 U_{ct} 调到零，且将负载电阻调到最大阻值处；接通主电路后，才可逐渐加大控制电压 U_{ct}，避免过流。

③ 要选择合适的负载电阻和电感，避免过流。在无法确定的情况下，应尽可能选用大的电阻值。

④ 由于晶闸管持续工作时，需要有一定的维持电流，故要使晶闸管主电路可靠工作，其通过的电流不能太小，否则可能会造成晶闸管时断时续，工作不可靠。在本实训装置中，要保证晶闸管正常工作，负载电流必须大于 50mA 以上。

⑤ 在实训中要注意同步电压与触发相位的关系，例如在单结晶体管触发电路中，触发脉冲产生的位置在同步电压的上半周，而在锯齿波触发电路中，触发脉冲产生的位置在同步电压的下半周，所以在主电路接线时应充分考虑到这个问题，否则实训就无法顺利完成。

⑥ 使用电抗器时要注意其通过的电流不要超过 1A，以保证其线性状态。

✓ 操作分析 2　单相桥式半控整流电路实训

1．实训目的

（1）加深对单相桥式半控整流电路带电阻性和电阻电感性负载时各工作情况的理解。

（2）了解续流二极管在单相桥式半控整流电路中的作用，学会对实训中出现的问题加以分析和解决。

2．实训设备

（1）DJK01 电源控制屏　该控制屏包含"三相电源输出"，"励磁电源"等几个模块。

（2）DJK02 晶闸管主电路　该挂件包含"晶闸管"以及"电感"等几个模块。

（3）DJK03-1 晶闸管触发电路　该挂件包含"锯齿波同步触发电路"模块。

（4）DJK06 给定及实训器件　该挂件包含"二极管"以及"开关"等几个模块。

（5）D42 三相可调电阻。

（6）双踪示波器自备。

（7）万用表自备。

3．实训线路

本实训线路如图 4.7 所示，两组锯齿波同步移相触发电路均在 DJK03-1 挂件上，它们由同一个同步变压器保持与输入的电压同步，触发信号加到共阴极的两个晶闸管；图中的 R 用 D42 三相可调电阻，将两个 900Ω 电阻性负载接成并联形式；二极管 VD_1、VD_2、VD_3 及开关 S_1 均在 DJK06 挂件上；电感 L_d 在 DJK02 面板上，有 100mH、200mH、700mH 三挡可供选择，本实训用 700mH；直流电压表、电流表从 DJK02 挂件获得。

4．技能训练

（1）将 DJK01 电源控制屏的电源选择开关打到"直流调速"侧使输出线电压为 200V，用两根导线将 200V 交流电压接到 DJK03-1 的"外接 220V"端，按下"启动"按钮，打开 DJK03-1 电源开关，用双踪示波器观察"锯齿波同步触发电路"各观察孔的波形。

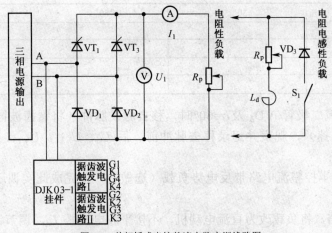

图 4.7　单相桥式半控整流电路实训线路图

（2）锯齿波同步移相触发电路调试：令 $U_{ct}=0$ 时（R_P2 电位器顺时针转到底），$\alpha=70°$。

（3）单相桥式半控整流电路带电阻性负载。

按原理图 4.7 所示接线，主电路接可调电阻 R，将电阻器调到最大阻值位置，按下"启动"按钮，用示波器观察负载电压 U_d、晶闸管两端电压 U_{VT} 和整流二极管两端电压 U_{VD1} 的波形，调节锯齿波同步移相触发电路上的移相控制电位器 R_P，观察并记录在不同 α 角时 U_d、U_{VT}、U_{VD1} 的波形，测量相应电源电压 U_2 和负载电压 U_d 的数值，记录于下表中。

α	30°	60°	90°	120°	150°
U_2					
U_d（记录值）					
U_d/U_2					
U_d（计算值）					

计算公式：$U_d = 0.9U_2(1+\cos\alpha)/2$

（4）单相桥式半控整流电路带电阻电感性负载：

① 断开主电路后，将负载换成将平波电抗器 L_d(700mH)与电阻 R 串联。

② 不接续流二极管 VD3，接通主电路，用示波器观察不同控制角 α 时 U_d、U_{VT}、U_{VD1}、I_d 的波形，并测定相应的 U_2、U_d 数值，记录于下表中。

α	30°	60°	90°
U_2			
U_d（记录值）			
U_d/U_2			
U_d（计算机）			

③ 在 $\alpha=60°$ 时，移去触发脉冲（将锯齿波同步触发电路上的"G3"或"K3"拔掉），观察并记录移去脉冲前、后 U_d、U_{VT1}、U_{VT3}、U_{VD1}、U_{VD2}、I_d 的波形。

④ 接上续流二极管 VD3，接通主电路，观察不同控制角 α 时 U_d、U_{VD3}、I_d 的波形，并测定相应的 U_2、U_d 数值，记录于下表中。

α	30°	60°	90°
U_2			
U_d（记录值）			
U_d/U_2			
U_d（计算机）			

⑤ 在接有续流二极管 VD_3 及 $\alpha=60°$ 时，移去触发脉冲（将锯齿波同步触发电路上的"G3"或"K3"拔掉），观察并记录移去脉冲前、后 U_d、U_{VT1}、U_{VT3}、U_{VD2}、U_{VD1} 和 I_d 的波形。

（5）单相桥式半控整流电路带反电势负载（选做），要完成此实训还应加一只直流电动机。

① 断开主电路，将负载改为直流电动机，不接平波电抗器 L_d，调节锯齿波同步触发电路上的 R_P 使 U_d 由零值逐渐上升，用示波器观察并记录不同 α 时输出电压 U_d 和电动机电枢两端电压 U_a 的波形。

② 接上平波电抗器，重复上述实训。

5．预习要求

（1）阅读电力电子技术教材中有关单相桥式半控整流电路的有关内容。

（2）了解续流二极管在单相桥式半控整流电路中的作用。

6．思考题

（1）单相桥式半控整流电路在什么情况下会发生失控现象？

（2）在加续流二极管前后，单相桥式半控整流电路中晶闸管两端的电压波形如何？

7．实训报告

（1）画出：①电阻性负载；②电阻电感性负载时 $U_d/U_2=f(\alpha)$ 的曲线。

（2）画出：①电阻性负载；②电阻电感性负载，α 角分别为 30°、60°、90° 时的 U_d、U_{VT} 的波形。

（3）说明续流二极管对消除失控现象的作用。

8．注意事项

（1）在本实训中，触发脉冲是从外部接入 DJK02 面板上晶闸管的门极和阴极的，此时，应将所用晶闸管对应的正桥触发脉冲或反桥触发脉冲的开关拨向"断"的位置，并将 Ulf 及 Ulr 悬空，避免误触发。

（2）带直流电动机做实训时，要避免电枢电压超过其额定值，转速也不要超过 1.2 倍的额定值，以免发生意外，影响电动机功能。

（3）带直流电动机做实训时，必须先加励磁电源，然后加电枢电压，停机时要先将电枢电压降到零值后，再关闭励磁电源。

> ➤ **知识链接 2 晶闸管三相可控整流电路**

1．电阻性负载三相半波可控整流电路

（1）电路组成

图 4.8（a）所示为三相半波可控整流电路，三相整流变压器采用△/Y 连接，初级接成三角形是为了使三次谐波通过，减少高次谐波的影响，次级接成星型是为了得到零线。

三只晶闸管有两种接法：一种是三只晶闸管 VT$_1$，VT$_2$，VT$_3$ 的阴极连接在一起，把三个阳极分别接到三相变压器二次绕组一侧的 U，V，W 三相上，这种接法叫做共阴极接法；另外一种接法是将三只晶闸管的阳极连接在一起，三个阴极分别接到三相变压器二次绕组一侧的 U，V，W 三相上，这种接法叫共阳极接法。共阳极接法因螺旋式晶闸管的阳极接散热器，可以将散热器连成一体，使装置结构简化，但触发器的输出必须彼此绝缘。在此我们采用共阴极接法。在共阴极接法中，因每个晶闸管的阴极电位相同，所以只有阳极电位最高且门极加触发脉冲的晶闸管才能被触发导通。

（2）工作原理

由图 4.8（b）所示的三相电源相电压的波形可以看到，位置 1、2、3 是三相相电压波形的交点，每到这些交点，就由一相相电压最高转为另一相相电压最高，因此 1、2、3 点被称为三相半波整流器的自然换相点。自然换相点是晶闸管能触发导通的最早时刻，控制角 α 的起点就是从自然换相点开始算起的，即 α=0° 时触发脉冲出现在自然换相点。

① α=0° 时触发脉冲在自然换相点加入，$t_1 \sim t_2$ 期间，U 相相电压最高，与 U 相对应的晶闸管 VT$_1$ 阳极电位最高，在 t_1 时刻触发晶闸管 VT$_1$ 导通，VT$_1$ 导通后（忽略管压降），VT$_2$、VT$_3$ 因分别承受反偏线电压 u_{UV} 和 u_{VW} 而截止，此时，输出电压为 U 相相电压，即 $u_L=u_{2U}$。

$t_2 \sim t_3$ 期间，V 相相电压最高，与 V 相对应的晶闸管 VT$_2$ 阳极电位最高，在 t_2 时刻触发晶闸管 VT$_2$ 导通，VT$_1$、VT$_3$ 因分别承受反偏线电压 u_{VU} 和 u_{VW} 而截止，此时输出电压为 V 相相电压，即 $u_L=u_{2V}$。

$t_3 \sim t_4$ 期间，W 相相电压最高，与 W 相对应的晶闸管 VT$_3$ 阳极电位最高，在 t_3 时刻触发晶闸管 VT$_3$ 导通，VT$_1$、VT$_2$ 因分别承受反偏线电压 u_{WU} 和 u_{WV} 而截止，此时输出电压为 W 相相电压，即 $u_L=u_{2W}$。

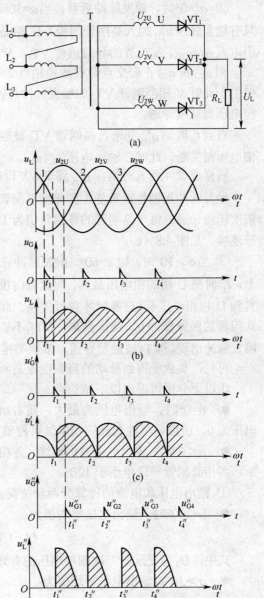

图 4.8 三相半波可控整流电路及其工作原理
（a）电路图 （b）α=0° 时的波形
（c）α=30° 时的波形 （d）α=60° 时的波形

这样，触发脉冲周期性地重复加在相应晶闸管门极上，三相晶闸管就依次轮流触发导通，并关断前面一个正导通的晶闸管，在自然换相点处自然换相。

从输出电压的波形来看，一个周期有三个脉动电压波形输出，每相晶闸管的导通角均为

120°，波形是连续的。

可见$\alpha=0°$时，整流电路输出脉动电压的波形和三相半波整流一样。

② $\alpha>0°$时，触发脉冲后移，当$\alpha=30°$时，触发脉冲在t_1'时加入，此时 U 相相电压最高，且有触发脉冲u_{G2}'加入晶闸管门极，U 相晶闸管 VT$_1$ 被触发导通，忽略管压降的清况下，输出电压 $u_L=u_{2U}$，VT$_1$ 管的导通迫使 VT$_2$，VT$_3$ 承受反偏电压而处于关断状态。

到 u_{2U} 和 u_{2V} 正向交点即自然换相点 2 时刻，虽然此时 V 相相电压即将大于 U 相相电压，但由于此时 V 相晶闸管 VT$_2$ 的触发脉冲还没有出现，所以 VT$_2$ 不能导通，VT$_1$ 管因仍承受正向电压而继续导通。

直到 t_2' 时刻 u_{G2}' 到来，晶闸管 VT$_2$ 被触发导通，此时 VT$_2$ 管的导通又迫使 VT$_1$ 管承受反偏电压而关断，此时，输出电压 $u_L=u_{2V}$。

同样道理，到 t_3 时刻，u_{G3}' 到来，VT$_3$ 被触发导通，VT$_2$ 被关断，依次类推。

触发脉冲周期性地重复加到相应晶闸管门极上，每到下一个触发脉冲到来时换相，各管依次轮流导通，每个晶闸管的导通角仍为 120°，在负载上得到一个脉动的直流电压，波形刚好连续，见图 4.8（c）。

③ 当$\alpha>30°$时，如 $\alpha=60°$，触发脉冲在 t_1'' 时刻开始周期性地重复加在相应晶闸管的门极上，t_1'' 时刻 U 相的相电压最高，同时有门极触发脉冲 u_{G1}'' 加入，U 相晶闸管 VT$_1$ 被触发导通，直到 U 相相电压 u_{2u} 过零时才自行关断。此时，V 相晶闸管 VT$_2$ 虽然承受正向电压，但由于其门极的触发脉冲 u_{G2}'' 还未到来，VT$_2$ 不能导通，输出电压电流均为零，直到 t_2'' 时刻，VT$_2$ 触发脉冲出现，VT$_2$ 被触发导通，依次类推。

可见，负载上得到脉动的直流电压是断续的，各晶闸管的导通角都小于 120°

由以上分析可得出以下结论：

● $\alpha=0°$时，输出电压为最大，随着α的增大，整流输出电压减小，当$\alpha=150°$时，输出电压为 0。所以电阻性负载三相半波可控整流电路的移相范围是 150°。

● $\alpha<0°$时，输出电压波形连续，各相晶闸管导通角为 120°；$\alpha>30°$时输出电压波形间断，各相晶闸管导通角小于 120°。

④ 输出电压和电流的计算分两种情况介绍整流电压的平均值：

● $\alpha<30°$时，输出电压平均值为：

$$U_L=1.17U_2\cos\alpha \tag{4.9}$$

式中，U_2 为变压器二次侧相电压的有效值。

● $\alpha>30°$时输出电压平均值为：

$$U_L=0.68U_2\left[1+\cos(\alpha+30°)\right] \tag{4.10}$$

与单相整流相比，三相半波整流电路具有输出电压脉动小，输出功率大，且三相负荷平衡的优点。但问题是：如果主电路由电网直接供电，则各相中会有较大直流成分流过，造成电网损耗。如果是由变压器供电的，直流分量会造成变压器铁心直流磁化，直流磁化会引起较大漏磁通，为克服直流磁化的影响，必然加大变压器的截面。另外，由于整流变压器二次侧只有 1/3 周期有单方向电流通过，导致变压器使用率很低。这些不利因素导致三相半波整流在应用上受到限制，在容量较大，性能要求高，不要求可逆的电力传动中应采用平衡性好、效率高且简单经济的三相半控桥式整流电路。

2. 电阻性负载三相半控桥式整流电路

（1）电路组成

如图 4.9（a）所示，三相桥式半控整流电路由 6 个整流元件组成。它们分成两组：3 个晶闸管 VT$_1$、VT$_2$、VT$_3$ 为一组，采用共阴极接法，属共阴极组，为三相半波可控整流；3 个二极管 VD$_4$、VD$_5$、VD$_6$ 为一组，采用共阳极接法，属共阳极组，是三相半波不可控整流。这两部分串联，就组成了三相桥式半控整流电路。因为它兼有可控和不可控两者的特点，所以称为半控整流。

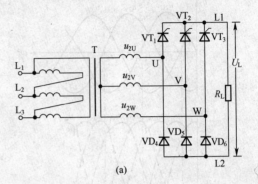

对 3 只共阴极接法的晶闸管来讲，它们的阳极分别接到三相电源上，任何时刻总有一个晶闸管的阳极电位最高，但只有触发脉冲到来时，该晶闸管才能导通，换流到阳极电位最高的一相中去。而对 3 个二极管则不同，它们的阴极分别接到三相电源上，任何时刻总有一个二极管的阴极点电位最低而处于导通状态，它们总是在三相相电压波形负半周的自然换相点换流，换流到阴极电位更低的一相中去。

（2）工作原理

如图 4.9（b）所示，为变压器二次侧线电压的波形。

① $\alpha=0°$ 时，触发脉冲从共阴极组自然换相点依次加入，彼此间隔 120°。

$t_1 - t_1'$ 时间内，U 相相电压最高，V 相相电压最低，在触发脉冲的作用下，VT$_1$ 导通，同时，VD$_5$ 承受最高正向偏置电压而导通。电流从 U 相经 VT$_1$—负载—VD$_5$ 流回 V 相，忽略导通管压降的情况下，负载电压 $u_L=u_{UV}$，VT$_1$ 和 VD$_5$ 导通后，VT$_2$、VT$_3$、VD$_6$，均承受反偏线电压而截止。

$t_2' - t_2$ 时间内，U 相相电压最高，W 相相电压最低，VT$_1$ 继续导通，同时与 W 相相连的 VD$_6$ 管由于承受最大的正向偏置电压而导通，VD$_6$ 管的导通迫使 VD$_5$ 承受反向偏置电压而截止，输出电压 $u_L=u_{UW}$。

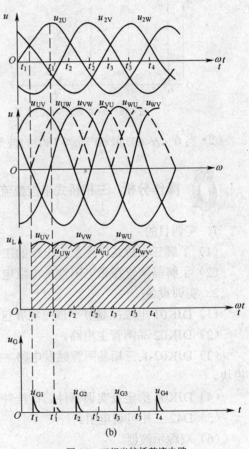

图 4.9 三相半控桥整流电路
（a）电路图 （b）波形图 $\alpha=0°$

$t_2 - t_2'$ 时间内，V 相电压最高，W 相电压最低，t_2 时刻，VT$_2$ 管被触发导通，VT$_2$ 管的导通迫使 VT$_1$ 管承受反向偏置电压而截止，VD$_6$ 仍承受最大正向偏置电压而继续导通，输出电压 $u_L=u_{VW}$

$t_2' - t_3$ 时间内，V 相相电压最高，U 相电压最低，VT$_2$ 和 VD$_4$ 管导通，输出电压 $u_L=u_{VU}$。

$t_3 - t_3'$ 时间内，W 相相电压最高，U 相相电压最低，VT$_3$ 和 VD$_4$ 管导通，输出电压 $u_L = u_{WU}$，依此类推。

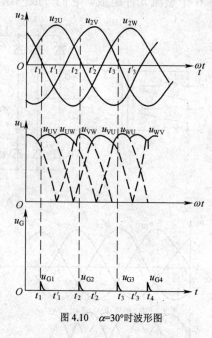

图 4.10　α=30°时波形图

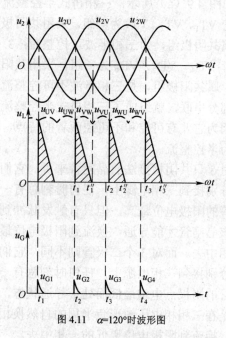

图 4.11　α=120°时波形图

② 当 0°<α<60° 和 60°<α≤180° 的波形图，如图 4.10、图 4.11 所示。具体分析过程省略。

操作分析　三相桥式半控整流电路实训

1．实训目的

（1）了解三相桥式半控整流电路的工作原理及输出电压和电流波形。

（2）了解晶闸管在带电阻性及电阻电感性负载时，在不同控制角 α 下的工作情况。

2．实训设备

（1）DJK01 电源控制屏　该控制屏包含"三相电源输出"等几个模块。

（2）DJK02 晶闸管主电路。

（3）DJK02-1 三相晶闸管触发电路　该挂件包含"触发电路"、"正反桥功放"等几个模块。

（4）DJK06 给定及实训器件　该挂件包含"二极管"以及"开关"等模块。

（5）D42 三相可调电阻。

（6）双踪示波器。

（7）万用表。

3．实训线路

在中等容量的整流装置或要求不可逆的电力拖动中，可采用比三相全控桥式整流电路更简单、经济的三相桥式半控整流电路。它由共阴极接法的三相半波可控整流电路与共阳极接法的三相半波不可控整流电路串联而成，因此这种电路兼有可控与不可控两者的特性。共阳极组三个整流二极管总是在自然换流点换流，使电流换到比阴级电位更低的一相。而共阴极组三个晶闸管则要在触发后才能换到阳极电位高的一个。输出整流电压 U_d 的波形是三组整流电压波形之和，改变共阴极组晶闸管的控制角 α，可获得 $0 \sim 2.34U_2$ 的直流可调电压。

　　具体线路可参见图 4.12。其中三个晶闸管在 DJK02 面板上；三相触发电路在 DJK02-1 上；二极管和给定在 DJK06 挂箱上；直流电压电流表以及电感 L_d 从 DJK02 上获得；电阻 R 用 D42 三相可调电阻，将两个 900Ω 电阻接成并联形式。

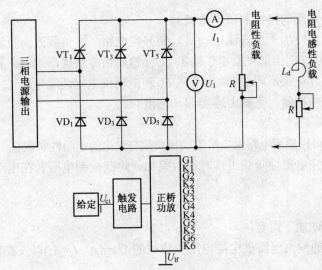

图 4.12　三相桥式半控整流电路实训原理图

4. 技能训练

技能训练的步骤如下。

（1）DJK02 和 DJK02-1 上的"触发电路"调试，其过程如下。

① 打开 DJK01 总电源开关，操作"电源控制屏"上的"三相电网电压指示"开关，观察输入的三相电网电压是否平衡。

② 将 DJK01"电源控制屏"上"调速电源选择开关"拨至"直流调速"侧。

③ 用 10 芯的扁平电缆，将 DJK02 的"三相同步信号输出"端和 DJK02-1"三相同步信号输入"端相连，打开 DJK02-1 电源开关，拨动"触发脉冲指示"钮子开关，使"窄"的发光管亮。

④ 观察 A、B、C 三相的锯齿波，并调节 A、B、C 三相锯齿波斜率调节电位器（在各观测孔左侧），使三相锯齿波斜率尽可能一致。

⑤ 将 DJK06 上的"给定"输出 U_g 直接与 DJK02-1 上的移相控制电压 U_{ct} 相接，将给定开关 S_2 拨到接地位置（即 $U_{ct}=0$），调节 DJK02-1 上的偏移电压电位器，用双踪示波器观察 A 相同步电压信号和"双脉冲观察孔"VT_1 的输出波形，使 $\alpha=150°$。

⑥ 适当增加给定 U_g 的正电压输出，观测 DJK02-1 上"脉冲观察孔"的波形，此时应观测到单窄脉冲和双窄脉冲。

⑦ 将 DJK02-1 面板上的 U_{lf} 端接地，用 20 芯的扁平电缆，将 DJK02-1 的"正桥触发脉冲输出"端和 DJK02"正桥触发脉冲输入"端相连，并将 DJK02"正桥触发脉冲"的六个开

关拨至"通",观察正桥 VT_1～VT_6 晶闸管门极和阴极之间的触发脉冲是否正常。

（2）三相半控桥式整流电路供电给电阻负载时的特性测试。

按图 4.12 接线，将给定输出调到零，负载电阻放在最大阻值位置，按下"启动"按钮，缓慢调节给定，观察 α 在 30°、60°、90°、120° 等不同移相范围内，整流电路的输出电压 U_d，输出电流 I_d 以及晶闸管端电压 U_{VT} 的波形，并加以记录。

（3）三相半控桥式整流电路带电阻电感性负载的特性测试。将电抗 700mH 的 L_d 接入，重复步骤（1）。

（4）带反电势负载的特性测试（选做）。

要完成此实训还应加一个直流电动机。断开主电路，将负载改为直流电动机，不接平波电抗器 L_d，调节 DJK06 上的"给定"输出 U_g 使输出由零值逐渐上升，直到电动机电压额定值，用示波器观察并记录不同 α 时输出电压 U_d 和电动机电枢两端电压 U_a 的波形。

（5）接上平波电抗器，重复上述实训（选做）。

5．思考题

（1）为什么说可控整流电路供电给电动机负载与供电给电阻性负载在工作上有很大差别？

（2）实训电路在电阻性负载工作时能否突加一阶跃控制电压？在电动机负载工作时能否突然加呢？

6．实训报告

实训报告应描述如下内容：

（1）绘出实训的整流电路供电给电阻负载时的 $U_d=f(t)$，$I_d=f(t)$ 以及晶闸管端电压 $U_{VT}=f(t)$ 的波形。

（2）绘出整流电路在 $\alpha=60°$ 与 $\alpha=90°$ 时带电阻电感性负载时的波形。

7．注意事项

（1）电路连接要仔细，防止接错。电路接好后一定要经老师检查后方可实验测试。

（2）记录实验图形时，时间轴的坐标注意对齐（触发脉冲与导通波形要对应好）。

任务三　逆变电路及原理

将直流电变换成交流电的相应电路称之为逆变电路。在逆变电路中，如果把交流侧接到交流电源上（电网或交流发电动机），将直流电逆变成与交流电源同频率的交流电馈送到电网中去，称为"有源逆变"。如果交流侧不与交流电网连接，而直接与负载相连，将直流电逆变成某一频率或可调频率的交流电供给负载，则称为"无源逆变"。本节所介绍的逆变电路就是所谓的无源逆变电路。

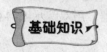

> ➤ **知识链接 1　电力变流器换相方式**

电力变流器可以看成由多个电力半导体器件组合而成，它把交流电源变成直流而输出，或把直流电源变成交流而输出等，在输入和输出之间进行波形变换。

电力半导体器件可以用切断和接通电流的开关来表示。切换开关的动作有两种,如图4.13所示。图4.13(a)的动作是电路电流 i 没有向其他地方转移,而是消失了,称之为熄灭。图4.13(b)的动作是电路电流 i 从 a 转移到 b,称之为换相或换流。

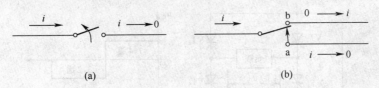

图4.13　熄灭和换相
(a)熄灭　(b)换相

在实际电路中,换相是电流在半导体器件构成的 a、b 两个桥臂之间的转移。为了把半导体器件 a 关断,使电流转移到器件 b,有时使用电网电源或负载等外部手段来关断 a,有时靠 a 本身就具有的关断能力来关断,有时必须设置换相电路所产生的脉冲来强迫关断 a。下面介绍几种电力变流器的换相方式。

1. 交流电网换相

这种换相方式应用于交流电网供电的电路中。由于电力半导体器件直接与交流电网相连,利用电网电压自动过零并变负的性能即可换相。如图4.14所示的可控整流电路中,当 $u_V > u_U$ 以后,VT$_2$ 即可使 VT$_1$ 承受反向电压而自动关断,这种换相方式简单,无需附加换相电路。

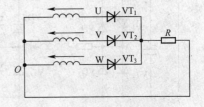

2. 负载谐振式换相

在由直流电源供电的晶闸管变流器中,由于晶闸管始终承受正向电压,导通后便无法关断,不可能实行电网换相必须采用负载换相或强迫换相。负载谐振换相方式就是利用负载回路中电阻、电容和电感的振荡特性,使负载电流超前电压。这样,当退出换相的晶闸管电流已下降到零

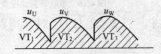

图4.14　交流电网换相原理图

时,负载电压仍未反向,从而使晶闸管承受一定时间的反向电压而可靠地关断。

3. 脉冲换相

在直流电源供电的晶闸管变流器中,要使晶闸管强迫关断,必须使其正向电流下降到维持电流以下,然后再加上反向电压经过一定的时间(关断时间)后,使晶闸管再承受正向电压时也不会导通才行。这样的换相要用换相电路所产生的脉冲来实现,称之为脉冲换相。

4. 器件换相

在变流器中,若采用具有自关断性能的全控型半导体器件,如可关断晶闸管(GPO)、晶体管(GTR)、功率场效应晶体管(VMOS)、绝缘栅双极型晶体管(IGBT)等。这些半导体器件都可以在其门极或基极或栅极上加关断信号,使得导通的器件关断。像这样,不借助外部力量,又不需要复杂的换相电路,而是依靠器件本身的自关断能力而进行换相的。

➤ **知识链接2　单相无源逆变电路**

根据交流电的相数,无源逆变电路有单相和三相之分,单相适用于小、中功率负载,三

相适用于中、大功率负载。无源逆变电路也简称为逆变电路。

逆变电路的基本原理可由图 4.15 说明如下：当开关元件 1、4 和 2、3 轮流切换通断时，则可将直流电压 E 变换为负载两端的交流方波输出电压 u_o。u_o 的频率由开关元件切换的频率决定。

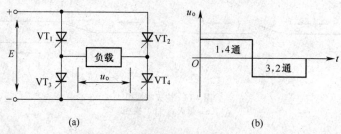

(a)   (b)

图 4.15 逆变电路工作原理

本节主要介绍在感应加热炉的中频电源上所采用的串联谐振式和并联谐振式逆变电路，它们都属于负载换相式逆变电路。

1．串联谐振式逆变电路

串联谐振式逆变电路如图 4.16 所示。其中 R、L、C 为负载的等效阻抗，C 为补偿电容，$VD_1 \sim VD_4$ 为反馈二极管。

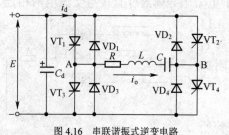

图 4.16 串联谐振式逆变电路

串联逆变器的工作原理介绍如下。

在图 4.16 的电路中，当 $t=0$ 时，对晶闸管 VT_1 和 VT_3 加触发脉冲，使之导通。电流的路径如图 4.17（a）所示。这时实际上是一个 R-L-C 的串联电路。它的情况取决于电路的参数，当 $R>2\sqrt{L/C}$ 时，电路不振荡。当 $R=2\sqrt{L/C}$ 时，电路为临界状态。当 $R<2\sqrt{L/C}$ 时，电路产生振荡。

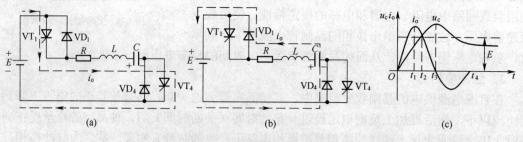

(a)   (b)   (c)

图 4.17 串联逆变器的工作原理

使用串联谐振式逆变器的电路 L/R 总是很大的，因而电路总是工作在振荡状态。图 4.17（c）表示振荡时的电容电压 u_c 和电流 i_o 波形。电流是按正弦规律衰减振荡的。电容 C 上的电压是恒定电压 E 和按余弦规律衰减的电压波形之差。开始时，由于 u_c 很小，E 迅速向电容器充电，i 上升很快．随着 u_c 的增加，i 上升的速度减小，达到最大值后，其值开始减小。在 t_2 时刻，$E=u_c$，但由于存在电感，电流不能立刻减至零，只能逐渐衰减下来。这时电感上的感应电势与电流方向相反。在 t_2-t_3，阶段，u_c 被 E 和 u_L 继续充电而上升，使 $u_c>E$。至 t_3 时刻，$i=0$，晶体管 VT_1 和 VT_3 关断。当 VT_1 和 VT_3 关断后，由于 $u_c>E$ 电容器可通过二极管 VD_1

和 VD$_4$ 放电，如图 4.17（b）所示。至 t_4 时刻，放电完毕，电流再降到零。当 $t > t_4$ 后，虽然 $E > u_c$，但由于晶闸管已关断，电路中不会再有电流。

2. 并联谐振式逆变电路

如图 4.18 所示，如果补偿电容与负载（等效为 R，L）并联，即构成并联谐振式逆变电路。并联谐振式逆变器的工作原理介绍如下。

由于滤波电感 L_d 的作用，电流几近似为恒值。当晶闸管 VT$_1$、VT$_4$ 导通时，$i_o = I_d$，由 A 流向 B。当图 4.18 并联谐振逆变电路晶闸管 VT$_2$、VT$_3$ 导通时，$i_o = -I_d$，由 B 流向 A。故负载电流 i_o 为一矩形波，如图 4.19（a）所示。而由于逆变器工作在近于谐振状态，负载并联谐振回路对于负载电流中接近负载谐振频率的谐波分量呈现高阻抗，即这一谐波分量的电压较高，其余谐波分量电压都被衰减，所以负载两端电压 u_{AB} 接近正弦波，如图 4.19（b）所示。且负载品质因数（$Q = \omega L/R$）越高，这种选频特性越好，负载电压越接近正弦波。为使逆变电路可靠换相，要求负载电压 u_{AB} 滞后于负载电流 i_o，即 RLC 并联回路要呈现容性。

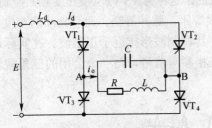

图 4.18　并联谐振逆变电路

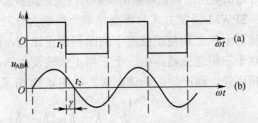

图 4.19　并联谐振逆变电路工作波形

要负载呈容性，必须 $\omega L > 1/\omega C$，即 $\omega > 1\sqrt{LC} = \omega_0$，所以与串联谐振逆变电路相反，并联谐振逆变电路换相的必要条件是逆变电路频率必须高于负载谐振频率。

由图 4.19 可见，若负载电压 u_{AB} 滞后于电流 i_o 的电角度为 γ，为使晶闸管可靠关断，则：$t_F = t_2 - t_1 = \gamma/\omega > t_q$。

任务四　变频器变频调速原理

工业生产广泛使用电力拖动，电力拖动的耗电量占了工业生产总耗电量的一半。而电力拖动又离不开调速，选用先进的调速技术节省电能是节能降耗的重要措施。交流电动机变频调速是在现代微电子技术基础上发展起来的新技术，它不但比传统的直流电动机调速优越，而且也比调压调速、变极调速、串级调速等调速方式优越。它的特点是调速平滑，调速范围宽，效率高，特性好，结构简单，机械特性硬，保护功能齐全，运行平稳安全可靠，在生产过程中能获得最佳速度参数，是理想的调速方式。应用实践证明，交流电动机变频调速一般能节电 30%，目前工业发达国家已广泛采用变频调速技术，在我国也是国家重点推广的节电新技术。

三相异步电动机的转速公式为：

$$n = n_1(1-s) = 60f(1-s)/p \qquad (4.11)$$

当转差率固定在最佳值时，改变 f 即可改变转速 n。为使电动机在不同转速下运行在额定磁通下，改变频率的同时必须成比例地改变输出电压的基波幅值。这就是所谓的 VVVF（变压变频）控制。工频 50Hz 的交流电源经整流后可以得到一个直流电压源。对直流电压进行 PWM 逆变控制，使变频器输出 PWM 波形中的基波为预先设定的电压/频率比曲线所规定的电压频率数值。因此，这个 PWM 的调制方法是其中的关键技术。

目前常用的变频器调制方法有 SPWM、马鞍波 PWM 和空间电压矢量 PWM 等方式。

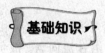

➤ 知识链接 1　SPWM 变频调速方式

正弦波脉宽调制法（SPWM）是最常用的一种调制方法。SPWM 信号是通过用三角载波信号和正弦信号相比较的方法产生的，当改变正弦参考信号的幅值时，脉宽随之改变，从而改变了主回路输出电压的大小。当改变正弦参考信号的频率时，输出电压的频率即随之改变。在变频器中，输出电压的调整和输出频率的改变是同步协调完成的，这称为 VVVF（变压变频）控制。

SPWM 调制方式的特点是半个周期内脉冲中心线等距，脉冲等幅，调节脉冲的宽度，使各脉冲面积之和与正弦波下的面积成正比例，因此，其调制波形接近于正弦波。在实际运用中对于三相逆变器，由一个三相正弦波发生器产生三相参考信号，与一个公用的三角载波信号相比较，而产生三相调制波，如图 4.20 所示。

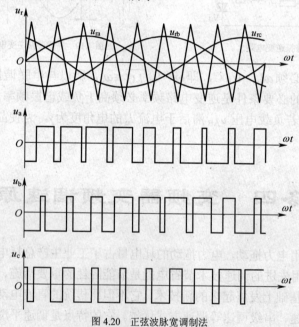

图 4.20　正弦波脉宽调制法

➤ 知识链接 2　马鞍波 PWM 变频调速方式

前面已经说过，SPWM 信号是由正弦波与三角载波信号相比较而产生的，正弦波幅值与三角波幅值之比为 m，称为调制比。正弦波脉宽调制的主要优点是：逆变器输出线电压与调制比 m 成线性关系，有利于精确控制，谐波含量小。但是在一般情况下，要求调制比 $m<1$。当 $m>1$ 时，正弦波脉宽调制波中出现饱和现象，不但输出电压与频率失去所要求的配合关系，而且输出电压中谐波分量增大，特别是较低次谐波分量较大，对电动机运行不利。另外可以证明，如

果 $m<1$，逆变器输出的线电压中基波分量的幅值只有逆变输入的电网电压幅值的 0.866 倍，这就使得采用 SPWM 逆变器不能充分利用直流母线电压。

为解决这个问题，可以在正弦参考信号上叠加适当的三次谐波分量，如图 4.21 所示。图中：$u=u(\omega t)+u(3\omega t)=\sin\omega t+1/6\sin3\omega t$。合成后的波形似马鞍形，所以称为马鞍波 PWM。采用马鞍波调制，使参考信号的最大值减小，但参考波形的基波分量的幅值可以进一步提高。即可使 $m>1$，从而可以在高次谐波信号分量不增加的条件下，增加其基波分量的值，克服 SPWM 的不足。目前这种变频方式在家用电器上应用广泛，如变频空调等。

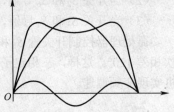

图 4.21　马鞍波的形成

➢ 知识链接 3　空间电压矢量 PWM 变频调速方式

对三相逆变器，根据三路开关的状态可以生成六个互差 60° 的非零电压矢量 $V_1\sim V_6$，以及零矢量 V_0、V_7，矢量分布如图 4.22 所示。

当开关状态为 000 或 111 时，即生成零矢量，这时逆变器上半桥或下半桥功率器件全部导通，因此输出线电压为零。

由于电动机磁链矢量是空间电压矢量的时间积分，因此控制电压矢量就可以控制磁链的轨迹和速率。在电压矢量的作用下，磁链轨迹越接近圆，电动机脉动转矩越小，运行性能越好。为了比较方便地演示空间电压矢量 PWM 控制方式的本质，我们采用了最简单的六边形磁链轨迹。

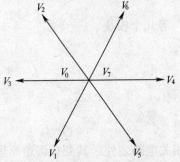

图 4.22　空间电压矢量的分布

尽管如此，其效果仍优于 SPWM 方法。

➢ 知识链接 4　三相异步电动机 PWM 变频调速方式

三相异步电动机 PWM 变频调速原理如图 4.23 所示。图 $S_1\sim S_6$ 为大功率晶体管。晶体管的导通与关断时间由微处理器控制。

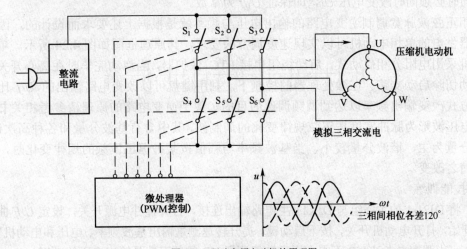

图 4.23　驱动变频电动机的原理图

（1）当开关 S_1 和 S_5 导通，其他开关关断时，三相异步电动机的电流由 U 端流到 V 端。

（2）当开关 S_2 和 S_6 导通，其他开关关断时，三相异步电动机的电流由 V 端流到 W 端。

（3）当开关 S_3 和 S_4 导通，其他开关关断时，三相异步电动机的电流由 W 端流到 U 端。

微处理器控制开关管 S_1 和 S_5、S_2 和 S_6、S_3 和 S_4 依次导通，使三相电流 I_{UV}、I_{VW}、I_{WU} 依次相差 120°。这样，三相定子绕组就会产生一个受开关管导通频率控制的旋转磁场，使电动机实现变频调速。

 操作分析 单相正弦波脉宽调制 SPWM 变频调速系统实训

1．实训目的

（1）掌握异步电动机变频调速的原理。

（2）了解异步电动机变频调速运行的基本参数，U/f 曲线。

2．实训设备

（1）DJK01 电源控制屏　该控制屏包含"三相电源输出"等几个模块。

（2）DJK11 单相异步电动机 SPWM 变频调速或 DJK14。

（3）DJ21-1 单相电阻启动异步电动机。

（4）双踪示波器一台。

（5）万用表一块。

3．实训线路及原理

单相异步电动机的调速除了其启动需要另加附加绕组及相关电路之外，其变频调速原理与三相异步电动机相同。下面仍然以三相异步电动机的调速原理来说明，由电动机学可知，电动机的转速表达式为：$n=(1-s)60f/P$。

其中 f 为定子供电频率；p 为电动机的磁极对数；s 为转差率，由上式可知改变定子供电频率 f 可以改变电动机的同步转速，从而实现了在转差率 s 保持不变情况下的转速调节。为了保持电动机的最大转矩不变，希望维持电动机气隙磁通恒定，因而要求定子供电电压也随频率作相应调整。即在忽略定子阻抗压降的情况下，$E_1 \approx U_1$ 为使气隙磁通恒定，在改变定子频率的同时必须同时改变电压 U_1，即保证 U_1/f 为常数。

单相正弦波脉宽调制逆变电路的输出电压与频率就是根据上述要求而设计的，因此由该逆变器供电的单相电动机可以实现速度调节的要求，其原理框图如图 4.24 所示。单相异步电动机采用电阻分相启动式，启动绕组串接 PTC 保护器，当启动完毕时在离心开关的作用下自动切除启动支路。在微处理器的控制下，利用键盘可以改变电路输出的 U/f 比值，用键控方式改变输出频率以达到调频调速的目的。关于逆变电路的原理请参考相关书籍，其输出电压波形为脉冲宽度按正弦规律变化的调制波，其中含有基波分量和各种高次谐波，以基波分量为主，谐波分量较小，当基波频率与幅值按某种恒压恒频的规律变化时，电动机转速随之改变。

4．技能训练

（1）将 DJ21-1 的主绕组与 DJK11 主电路输出连接，打开挂件电源开关，设定 U/F 曲线从第一条开始，打开电动机开关，按下启动键。提升转速测量输出基波频率、电压和电动机转速，输出频率可由观察参考波 UR 而得，用示波器测得 UR 的频率就是输出电压的频率。

（2）改变 U/f 曲线，重复实训步骤（1）。

（3）观察低频补偿对于提高启动力矩的效果。设定不同的 U/f 曲线时，电动机启动运转的最低输出频率，并测量此时的输出基波电压。

5．思考题

（1）单相异步电动机有哪几种启动方式？在变频调速时，为什么不采用电容分相启动？

（2）改变 U/f 比值，有何实际意义？

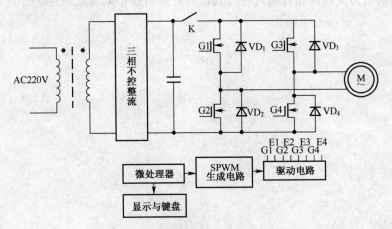

图 4.24　单相正弦波脉宽调制变频调速原理框图

6．实训报告

实训报告的内容应包括：

（1）画出交-直-交单相 SPWM 变频器输出 U/f 曲线。

（2）记录不同 U/f 曲线下的电压、频率和电动机转速的关系。

（3）记录电动机开始启动运转时变频器输出的频率和电压。

7．注意事项

（1）在频率上升，电动机转速升高的过程中，当电动机转速达到某一速度时，在离心开关的作用下会自动切断启动支路，此时会造成逆变器输出电流的波动。

（2）在电动机升速的时候，由于副绕组的电流过大，出现过流保护，PTC 保护器动作，会使电动机停转，此时单相电动机无法立即再启动。如要使电动机重新启动，应稍等片刻，待副绕组回路中的 PTC 保护器恢复到低阻态时，才可再次升频启动。

（3）用 DJK14 挂件也可以完成该实训，在原有的挂件基础上增加 DJK09 挂件，同时在调速时要注意输入电压与频率同步调节，以确保 V/F 为常数。

思考与练习

1．晶闸管有哪几个极？偏置电压应怎样连接晶闸管才能导通？

2．怎样关断已导通的晶闸管？

3．在半波可控整流电路中，求 U_L 分别是 $0.45U_2$ 及 0 时的控制角α。当导通角 90°时，U_L 为多少？

4．在半波、全波半控整流电路中，每个整流管所承受的最大反向压降是多少？

5．在电阻性负载三相半波可整流电路中，若 $U_2=10V$，求$\alpha=15°$及$\alpha=90°$时的 U_L。

6．常用的变频器调速有哪几种方法？在三相异步电动机的 PWM 变频调速控制电路中，开关管 S_1 与 S_5、S_2 与 S_6、S_3 与 S_4 导通时，电流是怎样流过电动机绕组的？

7．常用的电力变流换相有哪几种方式，简要说明换相原理及适用场合。

项目五

电动机常用控制电路的原理、安装与维修

本项目主要介绍三相异步电动机、直流电动机的控制电路。重点要掌握电动机的启动、制动、调速控制电路的工作原理，并能正确连接电路。了解绕线式异步电动机、直流电动机的工作原理。

知识目标

● 学习掌握三相异步电动机的点动、过载、自锁、正反转联锁控制电路。
● 学习掌握三相异步电动机的机械、能耗、反接控制电路。
● 学习理解三相绕线式异步电动机的启动控制电路。
● 学习理解他励直流电动机的启动、调速、正反转及能耗制动控制电路。

技能目标

● 在技能方面本项目要求会用导线连接三相异步电动机的启动、制动、调速及绕线式异步电动机、直流电动机的控制电路。
● 在安装电路之前，要求先正确地画出安装图，在安装电路的过程中，正确标识回路标号。
● 会用万用表、验电笔检测所安装的电路是否正确。
● 会检修电路的常见故障。
● 为了能在规定的时间（1~3节课）内正确、熟练地安装完电路，在项目五中仅要求在固定好的电气设备上用导线接插或连接好电路即可。不要求横、平、竖、直或线槽布线的工艺，也不安排导线、电气设备的选用。电气安装工艺将在项目六中进行训练。

任务一 三相异步电动机的正转控制

三相异步电动机的正转控制电路是三相异步电动机的最基本控制电路。小功率电动机可以直接启动，大功率带负载启动的电动机一般需降压启动。

> ### 知识链接1　手动正转控制电路

三相异步电动机的手动正转控制只能用于小功率的电动机，可以由开启式负荷开关、封闭式负荷开关、组合开关、低压断路器等开关电器直接控制其启动与停机。

开启式负荷开关及转换开关控制电动机启动的电路如图5.1所示。其工作原理如下。

启动：合上电源开关QS，电动机M通电（接通电源）启动运转。

停机：分断电源开关QS，电动机断电（分开电源）停转。

电路中的熔断器用于电路的保护，手动正转控制电路常用于砂轮机、小型台钻等生产工作中。

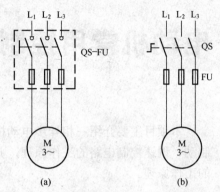

图5.1　三相异步电动机的手动控制电路
（a）开启式负荷开关控制　（b）转换开关控制

> ### 知识链接2　三相异步电动机的点动正转控制

点动正转控制是在手动控制电路的基础上，用按钮和接触器自动控制电动机的启动电路的。点动控制电路如图5.2所示，工作原理如下。

启动：合上电源开关QS后按下启动按钮SB，接触器KM线圈通电，接触器的动铁心被线圈的电磁力吸合，接触器的主触点KM闭合，电动机M启动。

停机：松开SB后→KM线圈断电→KM主触点分断→电动机M断电停机。停机后应分断电源开关QS。

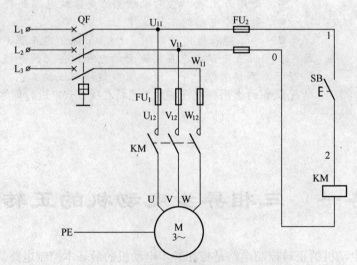

图5.2　三相异步电动机的点动控制电路

由点动控制的工作原理可知，所谓点动就是按下按钮就启动，松开按钮就停机。

点动控制常用在起重机械中的电动葫芦、调整机床刀架的位置。

> **知识链接3　电气原理图**

在图5.2中SB按钮、KM线圈及FU₂熔断器是用来控制电动机启动的，这部分电路被称之为控制电路（也称辅助电路）。QF开关、FU₁熔断器、KM主触点及电动机M是用于电动机启动的，这部分电路被称之为主电路。整个电路反映的是电路的工作原理，被称之为电气原理图。

> **知识链接4　具有自锁、过载保护的正转控制电路**

如图5.3所示，在如图5.2所示的控制电路的基础上串接一个SB₂停止按钮和热继电器RJ的常闭触点，在SB₁（图5.2中的SB）启动按钮上并联一个KM自锁触点，在主电路中，电动机的上端串接上热元件，就构成了具有自锁、过载保护的正转控制电路。

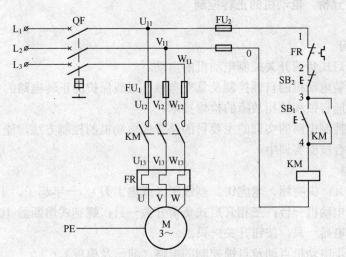

图5.3　三相异步电动机的自锁过载保护控制电路

具有自锁过载保护电路的工作原理如下。

启动：合上电源开关QF，按下启动按钮SB₁→KM线圈通电→KM主触点闭合→电动机M通电运转→KM自锁触点闭合自锁→保持电动机运转。

停机：按下停止按钮SB₂→KM线圈断电释放→KM自锁触点，主触点分断→电动机M停机。

在图5.3中，熔断器FU₁对主电路起短路保护作用，FU₂对控制电路起保护作用，接触器起零压与欠压保护作用，热继电器起过载保护作用。

当电路出现零压（也称失压，如停电）、欠压时，由于弹簧的反作用力大于线圈的电磁吸力，所以KM接触器的自锁触点、主触点被释放而使电路断开，当电源电压恢复正常时，由于接触器处于释放状态，所以电动机不会自行启动，从而实现了零压、欠压保护。

当电路中电动机出现过载或故障状态时，主电路中电流会过大，由于电流的热效应使热元件弯曲，从而使热继电器常闭触点分断，导致接触器线圈断电而释放，实现电路的过载保护。

【例 5.1】 如图 5.3 所示，在具有过载保护的三相异步电动机的控制电路中，电动机在运行中发生熔丝"爆熔"冒烟后停机的故障。请排查故障。

解： ① 检查控制电路。先查验 FU_2 的熔丝是否熔断，若断，则可判定 KM 线圈绝缘层被击穿（因 KM_2 线圈是控制电路的唯一负载）。维修：更换 KM_2 线圈，重新装熔丝，清理触点上的灼伤（如毛刺、触点熔焊等）。

② 若 FU_2 的熔丝没断，则电路故障肯定在主电路。检查方法：分断三相异步电动机的三相电源，用万用表测量三相绕组的每相电阻；若正常，用兆欧表测三相绕组对地（电动机外壳）的绝缘电阻，绝缘电阻应大于 $50M\Omega$；若还是正常，很可能是连接导线绝缘层损坏，造成短路。通常情况下，本题的故障原因应是上列三种之一。

维修：查明原因后更换坏电动机或导线；修理接触器的主触点，检查热继电器的热元件是否损坏；更换 FU_1 熔丝。

 操作分析 **电动机的正转控制**

1．实训目的

（1）练习开启式负荷开关控制电动机的启动。

（2）学会安装电动机的自锁控制及具有自锁、过载保护的正转电路的安装。

（3）掌握不能自锁和缺相故障的检修技术。

（4）电动机控制电路的实训的主要目的是掌握电动机的控制方法，能正确连接电路，工艺要求将放在综合技能实训中。

2．实训器材

（1）常用工具：尖嘴钳、老虎钳、剥线钳（或电工刀），一字起子，十字起子。

（2）小功率电动机一台；三相开启式负荷开关一只；螺旋式熔断器 10A 三个，5A 的两个；三元件热继电器一只，按钮开关一只。

（3）三相异步电动机点动及自锁控制的电路（演示及模板）。

（4）三相异步电动机点动及自锁控制的电路套件（两人一组）。

（5）万用表一只，导线若干。

3．安装开启式负荷开关的手动电动机控制电路

根据原理图 5.1 的电路进行。

4．完成电动机点动控制电路

在电动机的点动控制板上，根据原理图 5.2 连接导线。

操作：完成电动机的点动启动与停机。

5．完成具有自锁过载保护的正转控制电路，并检测电路

在点动电路的基础上，根据原理图 5.3 进行。

（1）用万用表检测主电路是否正确。

按下动铁心，L_1、U、L_2、V、L_3、W 应为通路，否则有断路故障。

（2）用万用表检测控制电路是否正确。

按下 SB_1、从 FU_2 的两个进线端测得的是 KM 线圈的电阻。若万用表显示为 0Ω 说明短路，若显示"∞"则为断路故障。

6．故障检修

（1）电动机能启动但不能自锁。检查自锁触点是否接错或接触不良。

（2）按下启动按钮后，控制电路 FU_2 的熔丝立即熔断。可能原因是线圈被烧穿，或被其他元件短路（如自锁触点跨过线圈）。

7．注意事项

（1）连接电气设备时，用力要适当，防止损坏电气设备。

（2）导线应尽量避免交叉，长短适宜。

（3）不得擅自接通电源。电路安装完应检查无误后，在教师的指导下通电。

（4）严格遵守实习室的规章制度。

（5）在三节课内完成实训内容。

任务二　三相异步电动机的正反转控制电路

三相异步电动机的定子绕组中通入三相交流电后，就会产生一个旋转磁场，在旋转磁场的作用下，电动机就会转动。改变任意两相绕组的相序后，旋转磁场就会改变方向，使电动机反转。电动机的正反转原理图如图5.4所示。

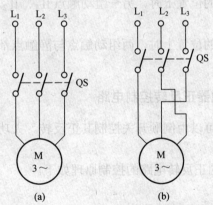

图 5.4　三相异步电动机改变电源相序的电路原理
（a）正转　（b）反转

> **知识链接 1　倒、顺开关控制电动机正反转电路**

倒、顺开关的结构与正反转控制原理图，如图5.5所示。

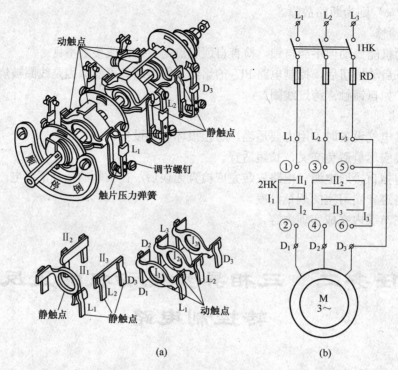

图 5.5　倒、顺开关的结构与控制原理

倒、顺开关的手柄在顺的位置上时，动触点 I_1、I_2、I_3 分别使①-②、③-④和⑤-⑥相连，电动机正转。

倒、顺开关的手柄在倒的位置上时，另一组动触点 II_1、II_2、II_3 分别使①-②、③-⑤和④-⑥相连，电动机反转。

倒、顺开关的手柄在停的位置上时，两组动触点与静触点都不接触，电动机处于断路停机状态。

➤　**知识链接 2　接触器正反转控制电路**

小功率电动机的正反转可以由倒顺开关控制其正反转。大功率或需远距离控制电动机的正反转，常用接触器控制。

如图 5.6 所示，电动机的正反转电路的控制原理如下。

1．正转控制

（1）合上电源开关 QF。

（2）按下启动按钮 SB_1，KM_1 线圈通电 $\begin{cases} KM_1 \text{ 主触点闭合，电动机正转。} \\ KM_1 \text{ 自锁触点闭合}\rightarrow\text{锁住电动机正转工作状态，} \\ \qquad\qquad\qquad\text{保持电路的工作状态。} \\ KM_1 \text{ 常闭联锁触点分断}\rightarrow\text{锁住反转电路不能启动。} \end{cases}$

2．反转控制

（1）按下 $SB_3\rightarrow KM_1$ 线圈断电释放 $\rightarrow KM_1$ 主触点、辅助触点恢复常态 $\rightarrow$ 电动机停转。

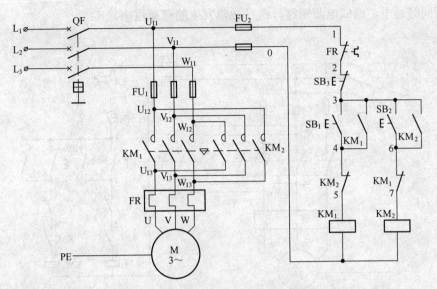

图 5.6 接触器控制三相异步电动机的正反转电路

（2）按下 $SB_2 \rightarrow KM_2$ 线圈通电 $\begin{cases} KM_2 \text{主触点闭合} \rightarrow \text{电动机反转。} \\ KM_2 \text{自锁触点闭合。} \\ M_2 \text{联锁触点闭合} \rightarrow \text{锁住正转电路。} \end{cases}$

由工作原理可知，电动机转动后要改变转向时，必须先停机，再反向启动。联锁的作用是 KM_1 主触点与 MK_2 主触点不能同时闭合，否则会造成电源短路。

> **知识链接 3　复合联锁的正反转控制电路**

在图 5.6 中，若 KM_2 常闭触点出现熔焊（不能分断）的故障时，启动了 KM_2 线圈，没注意又启动了 KM_1 线圈，就会出现 KM_1、KM_2 主触点同时闭合的现象，造成严重的电源短路故障。为了避免电源的短路故障，增强电路安全和可靠性我们经常采用复合联锁控制。

如图 5.7 所示，复合联锁控制的工作原理如下：

正转情形下，按下 SB_1 启动按钮时 KM_1 线圈通电，SB_1 常闭触点、KM_1 常闭触点同时分断，实现双重联锁。同理，按下 SB_2 启动按钮时也实现双重联锁。详细工作原理请读者结合接触器联锁的正反转电路自己分析。

电动机正反转控制电路在生产中是一种常用的控制电路，如起重机的升、降，机床主轴的正反转控制，电控门的开与关等。

【例 5.2】 如图 5.7 所示，在复合联锁的正反转控制电路中，按下 SB_1 后电动机能正常启动运转，再按 SB_2 反向启动按钮时，主电路熔丝 FU_1 立即熔断，而熔丝 FU_2 没有熔断，试排除故障。

解： 根据故障现象可以判断熔断器 FU_2、电动机 M、热继电器 FR 是好的。电路的故障应是 KM_1、KM_2 主触点同时通电，造成电源短路。

故障分析：

控制电路中只有 KM_1 联锁触点、SB_2 常闭触点同时熔焊卡死而不能分断，才会让 KM_1、

KM₂线圈同时通电，造成电源短路。这种故障发生的概率很小。

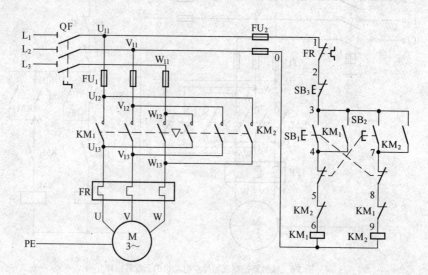

图 5.7　复合联锁控制的正反转电路

主电路 KM₁ 主触点发生熔焊的可能很小，如果熔焊，则应合上电源，电动机就会启动运转，而在此前的工作中应有 FU₁ 熔丝被烧断等前科故障。

故障的原因很可能是 KM₁ 接触器久用后性能下降，在 KM₁ 主触点闭合的同时，出现了机械卡死或反作用力弹簧失灵，造成 KM₁ 线圈断电后 KM₁ 主触点不能分断，而此前 KM₁ 联锁触点不能分断（如熔焊的故障又没被发现）。

根据以上分析，查找故障点，更换故障电器即可排除故障。

操作分析　**电动机的正反转控制**

1．回路标号

如图 5.6 所示，在电路原理图上，每经过一个电气元件，都用一个阿拉伯数字表示。标示的数字称之为回路标号。一般情况下，控制电路用奇数 1、3、5……和偶数 2、4、6……表示不同支路各个连接点；在主电路中各电气元件的 L₁₁、L₁₂……，L₂₁、L₂₂……，L₃₁、L₃₂……表示主电路中各电气元件的不同连接点。回路标号常应用在电气线路的安装与维修中。

例如在图 5.6 中，线圈两端的标号为 5、7、0，SB₃ 两端的标号为 2、3。

2．电气安装图

电气安装图是专门用于电气线路安装的电气制图。电气安装图的画法是把同一电气设备的元件画在一个虚线框内，不同元件连接于一点时，每个元件的连接处标上同一个回路标号，如图 5.9 所示。

例如：在图 5.9 中，接触器的线圈、主、辅触点全画在一虚线框内。KM₁ 线圈的上端头与 KM₂ 联锁点的下端头是连在一起的，用回路标号 7 表示它们连接在标号 7 处。

3．实训目的

（1）掌握用倒顺开关控制电动机正反转电路的安装。

（2）掌握接触器控制电动机正反转电路的安装与维修。

（3）掌握接触器按钮复合控制电动机正反转电路的安装与维修。

（4）学会画安装图。

4．实训器材

（1）倒顺开关一个，小于 2.2kW 的小功率电动机一台。

（2）电工常用工具，导线若干，万用表一只，回路标号字码管若干。

（3）接触器联锁、接触器复合联锁控制电路（演示，模板，电路有回路标号）。

（4）接触器联锁、接触器复合联锁控制电路套件（两人一组）。

5．技能训练

（1）安装倒顺开关控制的电动机正反转电路

① 按照图 5.5 所示接好电路；

② 操作：启动电动机实现电动机的正转、停机、反转；

③ 观察：启动电动机实现正转，停机，反转时倒顺开关动、静触点的合、断情况。

（2）安装接触器控制电动机正反转电路

① 画原理图与安装图。如图 5.8、图 5.9 所示。

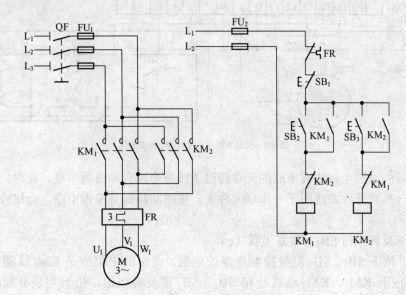

图 5.8　接触器控制的正反转电路原理图

② 根据安装图 5.9 安装电路。

③ 用万用表检查电路是否正确：

（a）按下 KM_1 主触点，用万用表测试三相电源到三相绕组是否通路。若不通，可能有压皮或接触不良，请排查。

（b）按下 KM_2 主触点，重复步骤（a）。

（c）按下正转按钮 SB_1，用万用表检测控制电路。若万用表显示的是线圈电阻，控制电路正确。若电阻为无穷大，则电路有断路故障。若电阻为零，说明线圈被短路。

判别故障时可把电路分为两段，用万用表判别故障在哪一段，如此继续分段判别，很快就能查出故障位置。

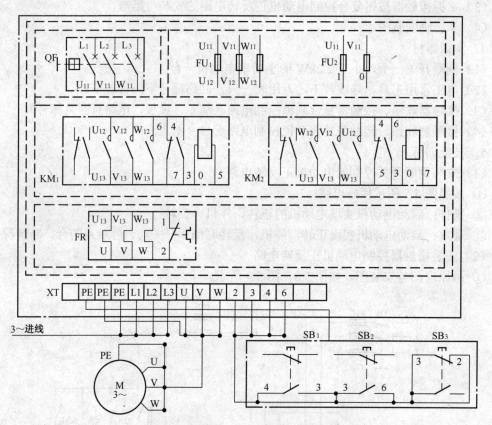

图 5.9　接触器控制正反转的电路安装图

短路故障的原因是与线圈串联的元件跨过了线圈而没有和线圈串联。此时，可能原因发生在线圈上一串联元件或线圈下一串联元件上。按照回路标号检查电路，会比较容易查出故障位置。

（d）按下反转按钮 SB_2，重复步骤（c）。

（e）同时按下 SB_1、SB_2 测量控制电路的电阻，此时的电阻应是 KM_1 线圈电阻的二分之一；同时按下 KM_1、KM_2 动铁心和 SB_1、SB_2 正反转按钮，用万用表分别测量正转和反转控制电路；若出现电阻为 KM_1 线圈的电阻或 KM_1 线圈电阻一半的现象，说明联锁触点没起作用；此时若通电启动电动机，易出现两个接触器同时通电而出现电源短路的严重故障。

请读者按照回路标号查排故障，并说明故障原因。

（3）安装接触器、按钮复合联锁正反转控制电路

① 画出原理图，如图 5.7 所示。

② 画出安装图，如图 5.10 所示。

③ 根据安装图 5.10 安装电路。

安装方法：在已安装好的接触器联锁正反转电路基础上，分断 KM_1 联锁触点，串接上 SB_1 常闭触点。分断 KM_2 联锁触点，串接上 SB_2 常闭触点。

电动机的运行操作：按下 SB₁ 启动按钮后，电动机启动正转。松开 SB₁，按下 SB₂ 反转按钮后，正转电路分断，实现反转运行。

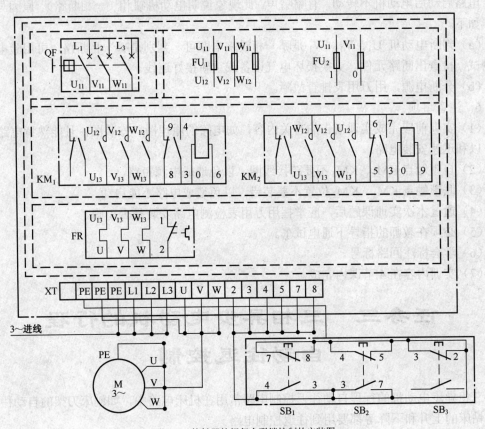

图 5.10　接触器按钮复合联锁控制的安装图

若同时按下 SB₁、SB₂，由于 SB₁、SB₂ 的常闭头同时断开，电动机不可能启动，从而有效地防止了电源短路故障的发生。

正常运行若要实现反转，仍应先按下 SB₃ 停止按钮，再按反转启动按钮。

（4）接触器联锁电路的维修

按下 SB₁ 或 SB₂ 启动按钮后，电动机启动、运转正常，松开 SB₁ 或 SB₂ 后电动机就停机。

上述现象说明电路不能自锁。

原因：自锁触点连线松脱或者自锁触点不能闭合。

按下 SB₁ 或 SB₂ 后电路不能启动。

上述现象说明是断路故障。原因与排除故障如下。

（a）停电；

（b）熔断器 FU₂ 熔断，查明原因后更换熔芯；

（c）热继电器常闭触点 RJ 分断或热保护后没有自动复位。查明原因复位常闭触点或更换热继电器；

（d）启动按钮 SB₁ 或 SB₂ 接线松脱，接好连线；

（e）线圈出现断路或接线松脱。接好连线或排除断路故障（如焊接断路的焊点，重新连好线圈输出的接线端卡）；

电路启动后电动机不转动，有嗡嗡声。此现象说明电动机缺相（一相断路）。原因与排除故障如下。

（a）判断电动机 U_1、V_1、W_1 是哪一相没来电即可。判别是哪一相断路，可用验电笔逐一测试，检查出断路元件。更换损坏电气设备或重新接好连线。

（b）分断电源，用万用表排查故障。

6．注意事项

（1）实训前应完成实训报告的有关内容，如电路的原理图、安装图，且能熟背电路原理图，以利迅速安装电路。

（2）自锁触点 KM_1、KM_2 不要跨接线圈，以免造成电源短路。

（3）联锁触点 KM_1、KM_2 位置不要装错，以免造成电路不能启动。

（4）通过本次实训课题后，应掌握用万用表检测电路安装是否正确。

（5）必须在教师的指导下通电试车。

（6）学会标注回路标号。

（7）实训内容在 4 节课内完成。

任务三　三相异步电动机的行程自动往返控制

三相异步电动机的行程自动往返控制电路常用在机床电路中，如刨床刀架的自动往返，摇臂钻床的上升和下降等都要用到往返控制电路。

**基础知识**

➤　知识链接　自动往返运行控制

三相异步电动机的行程自动往返控制电路，如图 5.11 所示。电动机启动运转后，便会拖动工作台做左、右自动往返运动，停止运动时，按下停止按钮 SB_3 即可。

电路的工作原理如下。

（1）启动

按下启动按钮 SB_1→KM_1 线圈通电
$$\begin{cases} KM_1 \text{ 主触点闭合} \rightarrow \text{电动机正转，工作台向左运动} \\ KM_1 \text{ 自锁触点闭合} \rightarrow \text{自锁} \\ KM_1 \text{ 联锁触点闭合} \rightarrow \text{锁住反转电路} \end{cases}$$

（2）工作台向右运动

工作台向左运动后；挡铁碰到行程开关 SQ_1，SQ_{1-1} 常闭触点分断→KM_1 线圈失电断电释放→KM_1 自锁触点分断，联锁触点闭合，主触点分断→电动机失电停机，工作台停止左移。

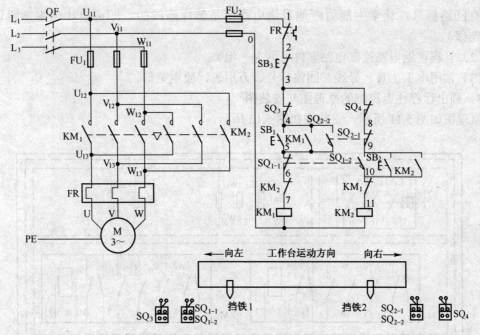

图 5.11 行程自动往返控制电路

SQ_{1-2} 常开触点闭合→KM_2 线圈通电 $\begin{cases} KM_2 \text{ 主触点闭合}→\text{电动机反转，工作台向右运动} \\ KM_2 \text{ 自锁触点闭合}→\text{自锁} \\ KM_2 \text{ 联锁触点分断}→\text{锁住反转电路} \end{cases}$

（3）工作台自动往返运行

当工作台向右运动，挡铁碰到 SQ_2 时，常闭触点 SQ_{2-1} 分断，常开触点 SQ_{2-2} 闭合。先是电动机停机，工作台停止运动，然后电动机恢复正转，工作台重新左移，如此周而复始，工作台做自动往返运动。

工作台向左运动的详细工作原理请读者自己分析完成。

行程开关 SQ_1、SQ_2 除了实现控制自动往返运动，还与 KM_2、KM_1 常闭触点共同承担复合联锁的作用。SQ_3、SQ_4 是限位开关。当 SQ_1 或 SQ_2 失灵，工作台向左或向右运行的挡铁超越 SQ_1（SQ_2）时，就会出现严重事故，这时，限位开关 SQ_3（SQ_4）被挡铁触碰而分断电路，使电动机及工作台停止运行，从而实现限位控制。

 操作分析 电动机的行程自动往返控制

1．实训目的

（1）掌握行程往返控制电路的安装。

（2）能熟练地用万用表检测电路是否正确。

（3）学习用验电笔检修电路。

2．实训器材

（1）演示及示范用三相异步电动机的行程自动往返控制电路（该电路布线要横平竖

109

直，有回路标号，让学生能清晰地看清电路图是怎样连线的，即可以让学生参照该"模板"连线）。

（2）行程往返电路控制电路套件（两人一组）。

（3）常用电工工具、导线、回路标号、万用表、验电笔等。

3. 画出行程往返控制的原理图与安装图

原理图如图 5.11 所示，安装图如图 5.12 所示。

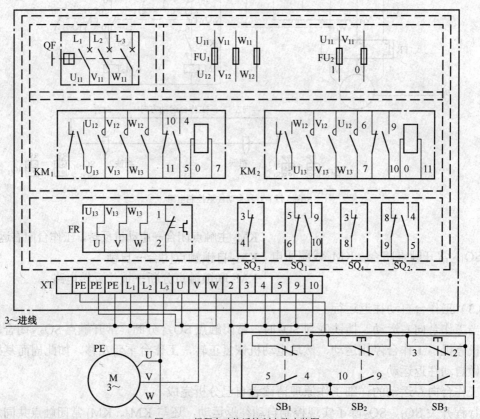

图 5.12　行程自动往返控制电路安装图

4. 用万用表检测各电气设备是否完好

5. 根据图 5.12 进行接线

6. 接线完毕后，检测电路是否正确

（1）分别按下 KM_1、KM_2 主触点，检测主电路是否正确。

（2）分别触碰 SQ_1、SQ_2，检测控制电路是否正确。

（3）分别按下 SB_1、SB_2，检测控制电路是否正确。

（4）分别触碰 SQ_3、SQ_4，检测限位功能是否完好。

具体怎样检测和分析，请读者自己完成。

7. 行程自动往返电路的维修

（1）主电路的故障检修，如对电动机的正反转控制电路的故障检修。

（2）电动机启动，工作台左移碰到 SQ_1 后，工作台不能实现向右运动。

故障说明反转控制电路出现断路。

原因可能是 SQ_{2-1} 常闭触点、KM_1 常闭触点或线圈出现断路，也有可能 SQ_{1-2} 常开头没能接触。此时可用验电笔逐级检测。

（3）按下启动按钮后，熔断器 FU_2 就熔断。

故障说明电路中出现了短路。

首先用万用表检查 KM_1、KM_2 线圈的绝缘层是否"烧穿"，若线圈电阻正常，再检查按钮开关和行程开关内是否"搭线"，线圈是否被短路。

8．注意事项

（1）在接触器联锁的电路基础上，默画出行程往返控制电路。记忆方法：主电路不变，控制电路分别并串联行程开关的常开触点与常闭触点。

（2）行程开关的常开、常闭触点要分清，不要装错位置。

（3）安装过程要仔细，常开、常闭触点不要跨接线圈。

（4）每接一根导线，都要套上回路标号，同时检查接线位置，不要出错。尽量做到每接一根线都是正确的，这样安装电路出错率很低，电路一次通电成功率很高。

（5）检查电路无误后在老师的指导下通电试车。

（6）在老师的指导下学习用验电笔检测电路。

任务四　三相异步电动机的顺序控制和多地控制电路

➤ 知识链接 1　顺序控制

在机床电路中，通常要求冷却泵电动机启动后，主轴电动机才能启动。这样可防止金属工件和刀具在高速运转切削运动时，由于产生大量的热量而毁坏工件或刀具。铣床的运行要求是主轴旋转后，工作台才可移动。以上所说的工作要求就是顺序控制。

接触器控制的顺序启动电路如图 5.13 所示。电路的工作原理如下：

启动电动机 M_1。

按下按钮 $SB_1 \rightarrow KM_1$ 线圈通电 $\begin{cases} KM_1 \text{ 主触点闭合} \rightarrow M_1 \text{ 启动运行} \\ KM_1 \text{ 自锁触点闭合} \rightarrow \text{自锁} \\ KM_1 \text{ 自锁触点闭合后为电动机 } M_2 \text{ 的启动做准备} \end{cases}$

启动电动机 M_2。

按下按钮 SB_2→KM_2 线圈通电 $\begin{cases} KM_2 \text{ 主触点闭合} \rightarrow M_2 \text{ 接着启动运行} \\ KM_2 \text{ 自锁触点闭合} \rightarrow \text{自锁} \end{cases}$

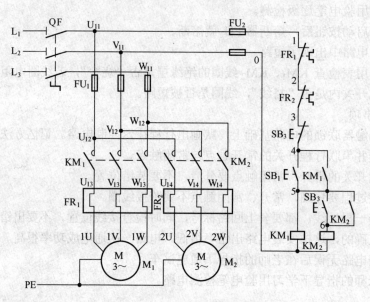

图 5.13　两台电动机的顺序启动电路

　　电动机 M_1、M_2 按顺序启动，运动是相互关联的，只要有一台电动机出现故障，两台电动机都应停机。在主电路中，用热继电器的热元件 FR_1、FR_2 对电动机进行过载保护。当要出现过载或其他故障时，因主电路电流过大而使热继电器动作，使控制电路中的热元件 FR_1 或 FR_2 常闭触点分断。因 FR_1 与 FR_2 串联，所以任一热继电器动作都会使两台电动机断电而得到保护。

　　在顺序控制电路中，除了顺序启动电路外，还有顺序停机电路、顺序启动与顺序停机电路。如图 5.14 所示，KM_1 线圈通电后，KM_2 线圈才可以通电；KM_2 线断电后，KM_1 线圈才可以断电。该电路完成的就是顺序启动、顺序停机的功能。其详细的工作原理请读者自己分析完成。

　　【例 5.3】　设计一个两台电动机可以任意先后启动，但 M_2 停机后，M_1 才能停机的控制电路。

　　分析：根据题意可知，主电路的电动机应是并联关系，控制电路也是并联关系，但 KM_2 的一个自锁触点必须与 SB_1 启动按钮并联，只要 KM_2 线圈通电后，KM_1 线圈就不会断电，即 M_2 停机后 M_1 才可能停机。

　　解：根据分析，画出电路，如图 5.15 所示

　　【例 5.4】　设计一个 M_1、M_2 电动机既能同时启动，又可以 M_1 启动后 M_2 才能启动的电路。

　　分析：KM_1 线圈通电后，KM_2 线圈才能通电。这种控制方法前面已经学过。在主电路中，主触点 KM_1 下并接一个 KM_3 主触点去控制 M_2 即可实现 M_1、M_2 同时启动的功能。

　　解：根据分析画出电路，如图 5.16 所示，该电路的控制电路 KM_1 支路与 KM_2 支路及 KM_3 支路并联，KM_3 主触点接在 KM_1 主触点下端头，KM_2 主触点的一端在 KM_1 主触点的

上端即可。

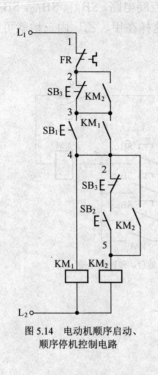

图5.14 电动机顺序启动、
顺序停机控制电路

图5.15 两台电动机可任意先后启动，但
一台停机后另一台才能停机控制电路

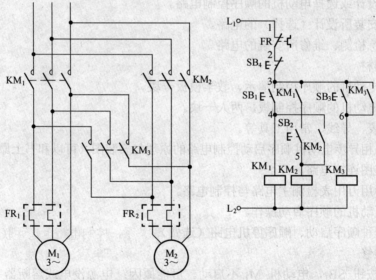

图5.16 接触器控制的顺序启动电路

➤ 知识链接2 多地启动、停机控制

多地控制的方法是停止按钮串联，启动按钮并联，把他们分别安装在不同的操作地点，以便控制。如在每张电工电子实验桌上串联一个停止按钮，指导老师随便在哪一张实验桌前都可实现停电控制，以确保实验的用电安全。在大型机床上，为便于操作，在不同的位置可以安装启动、停机按钮。

图 5.17 所示是三地控制同一台电动机的多地控制电路。SB_{1-1}、SB_{1-2}，SB_{2-1}、SB_{2-2}，SB_{3-1}、SB_{3-2} 是两键按钮，分别安装在甲、乙、丙三地，这样在甲、乙、丙三地就可以实现对同一台电动机的启动与停机。

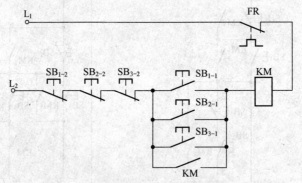

图 5.17 三相异步电动机的多地启、停控制电路

 操作分析 电动机的顺序控制

1. 实训目的

（1）能够设计或选择电动机的顺序控制电路。

（2）正确安装所设计（选择）的电路。

（3）能熟练检测、维修所安装的电路。

2. 实训器材

（1）异步电动机的顺序控制演示、教学模板一块。

（2）异步电动机的顺序控制板，两人一块。

（3）万用表、导线、常用工具等。

3. 画出三相异步电动机顺序启动控制电路的原理与安装图（可以和书上原理图不一样）。

4. 按安装图连接电路。

5. 完毕后用万用表检测主电路与控制电路。

6. 完成电动机的顺序启动操作。

7. 安装一种顺序启动、顺序停机电路（选做）。

8. 故障维修

（1）按下按钮 SB_1，电动机 M_1 不启动。可能原因：电源没电或熔断器 FU_2 的熔芯没装。若有嗡嗡声，电动机不转动，说明缺相。

（2）按下 SB_1，KM_1 线圈不能吸合。可能原因：停电或断路，首先检查常用触点 FR_1、FR_2 及 FU_2。若正常，再检查停止按钮 SB_3，启动按钮 SB_1 及 KM_1 线圈等处是否出现断路。

（3）M_1 启动正常，按下 SB_2 后 KM_2 线圈不通电，原因肯定是 SB_2 或 KM_2 线圈处出现了断路。根据分析排除故障。

9. 注意事项

（1）注意顺序控制中常开触点、常闭触点的作用。

（2）所安装的电路可以是书上的，也可以自己设计（设计好的电路应请老师检查）。

（3）通过本次实训后，应能比较熟练地排查故障。

（4）电路检查无误后，在老师的指导下通电。

任务五　三相异步电动机降压启动控制电路

电动机由静止到通电正常运转的过程叫电动机的启动过程，在这一过程中，电动机消耗的功率较大，启动电流也较大。通常启动电流是电动机额定电流的 4 至 7 倍。小功率电动机启动时，启动电流虽然较大，但和电网的总电流相比还是比较小，所以可以直接启动。若电动机的功率较大，又是满负荷启动，则启动电流就很大，很可能会对电网造成影响，使电网电压降低而影响到其他电器的正常运行。此时我们就要采用降压启动。

一台电动机是否要采用降压启动，可用下面的经验公式判断：

$$\frac{I_q}{I_e} \leqslant \frac{3}{4} + \frac{\text{电源变压器的容量}}{4 \times \text{待启动电动机的功率}}$$

I_q 为电动机的启动电流，I_e 为电动机的额定电流。

计算结果满足上式要求时，可采用全压启动，不满足时应采用降压启动。

例如某台电动机的功率为 125W，电流的容量为 1 000kVA，它的 $I_q/I_e=5$，根据上式计算：

$$\frac{3}{4} + \frac{1000}{4 \times 125} = 2.75 < 5$$

由计算可知该电动机必须降压启动。若电源的容量 5 000kVA，则电动机就可全压启动。

常用的降压启动有串电阻降压启动、Y-△降压启动、自耦变压器降压启动及延边三角形降压启动。下面介绍其典型的降压启动电路。

➤ 知识链接 1　接触器控制的串电阻启动控制电路

电路的工作原理如图 5.18 所示，启动时串接电阻 R 降压启动，启动完毕后，KM_2 主触点将 R 短路，电动机全压运行。具体工作原理如下。

（1）降压启动

按下 SB_1→KM_1 线圈通电 $\begin{cases} KM_1 \text{主触点闭合}\rightarrow\text{电动机串接电阻 } R\text{，降压启动} \\ KM_1 \text{自锁触点闭合}\rightarrow\text{自锁} \end{cases}$

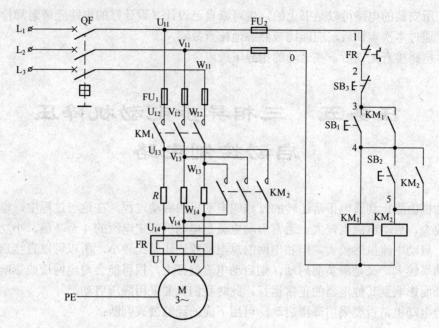

图5.18　接触器控制的串接电阻降压启动

$$按下 SB_2 \rightarrow KM_2 线圈通电 \begin{cases} KM_2 \text{主触点闭合，电阻 } R \text{ 被短路，电动机全压运行} \\ KM_2 \text{自锁触点闭合} \rightarrow \text{自锁} \end{cases}$$

（2）停机

按下 $SB_3 \rightarrow KM_1$、KM_2 线圈断电释放 $\rightarrow$ 电动机 M 断电停机。

由工作原理我们发现接触器控制的串接电阻启动电路是顺序启动的一个应用实例，只不过是把电动机 M_2 换成了电阻 R，不同的是电阻 R 与 M_1 串联，而顺序控制 M_1、M_2 是并联关系。

> ## 知识链接 2　时间继电器控制的串接电阻降压启动电路

接触器控制的串接电阻启动过程，需要在启动完毕后迅速启动 KM_2 接触器将电阻 R 短路，启动 KM_2 的时间较难把握。改用时间继电器后，就可以设定时间，当启动完毕时，迅速启动 KM_2 使电动机全压运行。

时间继电器控制的串接电阻降压启动电路如图 5.19 所示，其工作原理如下。

$$按下 SB_1 \rightarrow KM_1 线圈通电 \begin{cases} KM_1 \text{主触点闭合} \rightarrow \text{电动机串接电阻，降压启动} \\ KM_1 \text{自锁触点闭合} \rightarrow \text{自锁} \end{cases}$$

同时时间继电器 KT 线圈通电 $\rightarrow$ KT 常开触点延时闭合（此时恰好启动结束）$\rightarrow KM_2$ 线圈得通 $\rightarrow KM_2$ 主触点闭合 $\rightarrow$ 电阻 R 被短路 $\rightarrow$ 电动机 M 全压运行。

图 5.19 是最简单的时间继电器控制的串接电阻降压启动电路。它的缺点是电动机全压运行时，KM_1、KM_2、KT 线圈均处于工作状态，电能浪费较大。我们可以设法在全压运行时让 KT 线圈断电不工作。我们还可以让 KM_2 主触点跨过 KM_1 主触点，在全压运行时让 KM_1 线

圈也断电不工作,你想出来了吗?请设计出这样的节能电路。

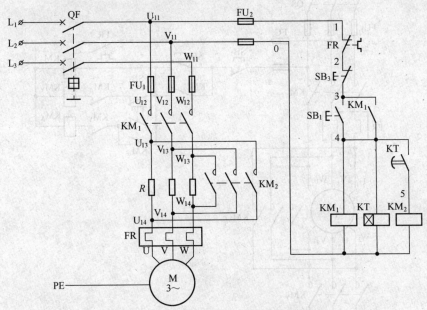

图 5.19 时间继电器控制的串接电阻降压启动电路

电动机串接电阻降压启动,电阻要耗电发热,因此不适于频繁启动电动机。串接的电阻一般都是用电阻丝绕制而成的功率电阻,体积较大。串电阻启动时,由于电阻的分压,电动机的启动电压只有额定电压的 0.5~0.8 倍,由转矩正比于电压的平方可知,此时 M_q=(0.25-0.64) M_e。

由以上三点可知,串电阻降压启动仅适用于对启动转矩要求不高的场合,电动机不能频繁地启动,电动机的启动转矩较小,仅适用于轻载或空载启动。

启动电阻可由下式确定:

$$R = \frac{U_e}{I_e} \sqrt{\left(\frac{I_q}{I_q'}\right)^2 - 1}$$

式中,U_e、I_e 为电动机的额定相电压、相电流;

I_q 为电动机全压启动的电流;

I_q' 为电动机降压启动的电流。

如,U_e=220V、I_e=40A、I_q/I_q'=2,算得串接的电阻约为9.5Ω。

> **知识链接 3 接触器控制 Y-△型降压启动控制电路**

电动机作三角形连接时,就可以采用星形启动三角形运行,即"Y-△型降压启动"。采用 Y 启动时,$I_1 = \frac{1}{3} I_{\Delta 1}$,$M_{Yq} = \frac{1}{3} M_\Delta$,$U_{YP} = \frac{1}{\sqrt{3}} U_{\Delta q}$,每相绕组的启动电压虽然降低了,但启动转矩也跟着下降很多。所以 Y-△型降压启动适合轻载或空载启动。

接触器控制 Y-△降压启动控制电路如图 5.20 所示。电路工作要求是 KM_Y 线圈控制星形启动,$KM_\triangle$ 线圈控制电动机三角形运行。

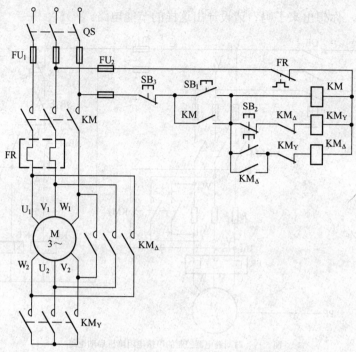

图 5.20　接触器控制 Y-△ 降压启动的电路

其工作原理如下：

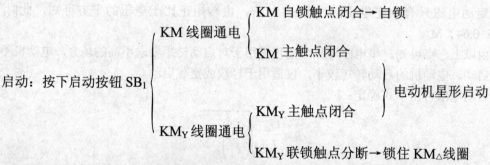

当转速升高到一定值时，切换到三角形运行：

$$\text{按下复合按钮 } SB_2 \begin{cases} KM_Y \text{ 主触点分断→星形启动结束} \\ KM_Y \text{ 线圈断电} \\ KM_Y \text{ 联锁触点闭合→准备三角形运行} \\ KM_\triangle \text{ 主触点闭合→电动机三角形运行} \\ KM_\triangle \text{ 线圈通电→} KM_\triangle \text{ 自锁触点闭合→自锁} \\ KM_\triangle \text{ 联锁触点分断→联锁} \end{cases}$$

> **知识链接 4　时间继电器控制的 Y-△ 型降压启动电路**

采用时间继电器控制 Y-△ 降压启动是一种自动控制的方法。我们首先要测出电动机星形启动达到切换成三角形运行所规定的速度需要的时间，然后用时间继电器来自动控制，即时间继电器的延时时间=电动机转速上升到规定速度所需要的时间。

如图 5.21 所示，时间继电器控制的 Y-△降压控制电路的工作原理如下（主电路如图 5.20 所示）。

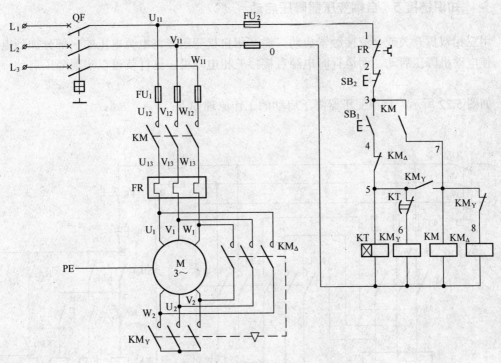

图 5.21 时间继电器控制的 Y-△降压启动控制电路

（1）星形启动

按下启动按钮 SB₁→KMᵧ 线圈通电 { KMᵧ 联锁触点分断→联锁 / KMᵧ 自锁触点闭合→KM 线圈通电 / KM 自锁触点闭合→自锁 }

电动机星形启动 { KM 主触点闭合 / KMᵧ 主触点闭合 } 电动机 M 接成 Y 启动

星形启动结束：
按下 SB₁ 的同时，KT 线圈通电，KT 常开触点延时闭合，KT 常闭触点延时断开：

KMᵧ 线圈断电 { KMᵧ 主触点分断→星形启动结束 / KMᵧ 自锁触点分断 / KMᵧ 联锁触点闭合 }

（2）三角形运行

119

$$KM_Y \text{联锁触点闭合} \rightarrow KM_\triangle \text{线圈通电} \begin{cases} KM_\triangle \text{主触点闭合} \rightarrow \text{电动机三角形运行} \\ KM_\triangle \text{联锁触点分断} \rightarrow KT \text{线圈断电} \end{cases}$$

> ### ➢ 知识链接 5　自耦变压器降压启动

用三相双掷开关或交流接触器启动，经三相自耦变压器将电源电压的一部分加到电动机上，使电动机降压启动，而运行时电源直接接三相电动机，这样就可以实现降压启动，全压运行。

如图 5.22 所示，自耦变压器降压启动的工作原理如下：

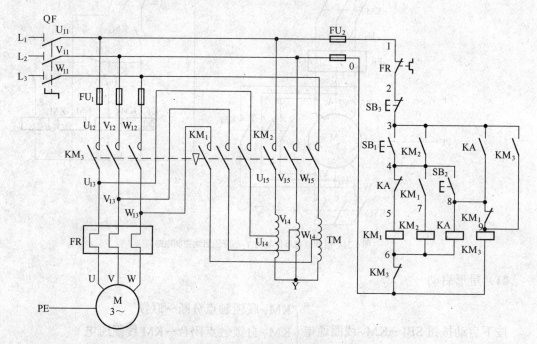

图 5.22　自耦变压器降压启动控制电路

（1）启动

按下启动按钮 SB_1，KM_1 线圈通电，降压启动过程如下：

$$\begin{cases} KM_1 \text{联锁触点断开} \rightarrow \text{互锁} \rightarrow KM_3 \text{线圈不通电;} \\ KM_1 \text{自锁触点闭合} \begin{cases} \text{自锁} \\ KM_2 \text{线圈通电} \begin{cases} KM_2 \text{自锁触点闭合} \rightarrow \text{自锁} \\ KM_2 \text{主触点闭合} \end{cases} \end{cases} \\ KM_1 \text{主触点闭合} \rightarrow \end{cases} \quad \text{电动机 M 降压启动结束}$$

当转速上升到一定值时，按下启动按钮 SB_2，中间继电器 KA 线圈通电，其余各元件动作过程如下：

$$
\left\{
\begin{array}{l}
\text{KA 联锁触点分断} \rightarrow \text{KM}_1 \text{线圈断电} \rightarrow \text{KM}_2 \text{线圈断电释放} \\[2mm]
\text{KM}_1 \text{主触点分断} \rightarrow \\[2mm]
\text{KM}_1 \text{联锁触点重新闭合}
\end{array}
\right\}
\left.\begin{array}{l} \\[2mm] \\[2mm] \end{array}\right\} \text{降压启动结束}
$$

与此同时 KA 自锁触点闭合，使 KM₃ 线圈通电，实现全压运行：

$$
\left\{
\begin{array}{l}
\text{KM}_3 \text{自锁触点闭合} \rightarrow \text{自锁} \\[2mm]
\text{KM}_3 \text{联锁触点分断} \rightarrow \text{联锁} \rightarrow \text{保证 KM}_1\text{、KM}_2 \text{线圈不通电} \\[2mm]
\text{KM}_3 \text{主触点闭合} \rightarrow \text{电动机全压运行}
\end{array}
\right.
$$

（2）停机

按下停止按钮 SB₃，KM₃ 线圈断电释放，各主、辅触点恢复原始状态，电动机停机。

自耦变压器降压启动除用接触器控制外，还可以采用时间继电器自动控制（请读者自己设计控制电路），对大功率电动机还常采用 QJ 系列补偿器控制降压启动。

如图 5.23 所示，图（a）为 QJ 型降压启动补偿器，图（b）是电路原理图。

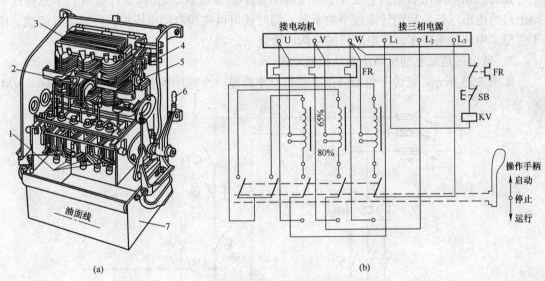

图 5.23 QJ 型降压启动器及控制电路
（a）结构 （b）控制电路

降压启动时，上推操纵手柄至"启动"位置。串接自耦变压器降压启动，当电动机转速达到一定值时，迅速下拉操纵手柄至运行位置，电动机脱离自耦变压器全压运行。

当电路过载或夏季温度过高加上运行时间过长而引起温升过高时，热继电器动作使中间继电器 KA 断电，控制补偿器跳闸，切断电动机电源使电动机停机。

当电路出现欠压或失压时，中间继电器释放，控制补偿器跳闸，使电动机停机。

通常补偿器有 65%、85%、抽头等三种选择供选用。

需要停机时按下 SB₁ 停止按钮，KA 线圈断电释放，补偿器跳闸，切断电源使电动机停机。

➢ **知识链接6 延边三角形电动机降压**

1. 延边三角形电动机的定子绕组

如图 5.24 所示，实行延边三角形降压启动的电动机定子绕组，采用了在每相绕组上中间抽头，如图 5.24（a）所示；启动时把三相绕组的一部分接成三角形，一部分接成星形，即"延边三角形"，如图 5.24（b）所示；运行时绕时组接成三角形，如图 5.24（c）所示。

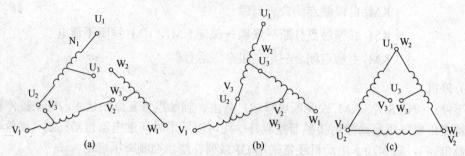

图 5.24　延边三角形接法的定子绕组

延边三角形降压启动的电压介于全压启动与 Y-△降压启动之间。这样克服了 Y-△降压启动的启动电压过低，启动转矩过小的不足，同时还可以实现启动电压根据需要进行调整。由于采用了中间抽头技术，使电动机的结构比较复杂。

2. 延边三角形电动机降压启动控制电路

如图 5.25 所示，延边三角形降压启动控制电路是一个时序控制电路，启动时 KM_1、KM_3

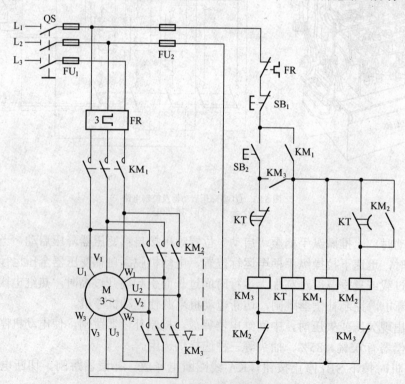

图 5.25　延边三角形降压启动控制电路

接触器及 KT 时间继电器通电，电动机接成延边三角形降压启动。启动结束后 KT 时间继电器及 KM₃ 接触器断电，KM₁ 及 KM₃ 接触器通电，电动机接成三角形全压运行。

电路的工作原理请读者自己分析完成。

> **知识链接 7 三相异步电动机各种降压启动方法的比较**

1．直接启动

直接启动适用于 7.5kW 以下小功率电动机的直接启动。

直接启动的控制电路简单，启动时间短。但启动电流大，当电源变压器容量小时，会对其他电器设备的正常工作产生影响。

2．串电阻降压启动

它适用于启动转矩较小的电动机。虽然启动电流较小，启动电路较为简单，但电阻的功耗较大，启动转矩随电阻分压的增加下降较快，所以，串电阻降压启动的方法使用还是比较少。

3．Y-△降压启动

三角形接法的电动机都可采用 Y-△降压启动。

由于启动电压降低较大，故用于轻载或空载启动。Y-△降压启动控制电路简单，常把控制电路制成 Y-△降压启动器。大功率电动机采用 QJ 系列启动器，小功率电动机采用 QX 系列启动器。

4．延边三角形降压启动

延边三角形电动机是专门为需要降压启动而生产的电动机，电动机的定子绕组中间有抽头，根据启动转矩与降压要求可选择不同的抽头比。其启动电路简单可频繁启动，缺点是电动机结构比较复杂。

5．自耦变压器降压启动

星形或三角形接法的电动机都可采用自耦变压器降压启动，启动电路及操作比较简单，但启动器体积较大，且不可频繁启动。

综上所述，我们可以根据不同的场合与需要，选择不同的启动方法。

 操作分析 三相异步电动机降压启动控制

1．目的

（1）掌握时间继电器控制串接电阻降压启动电路的安装与维修。

（2）掌握手动控制的 Y-△降压启动电路的安装与维修。

（3）能够熟练地用万用表检测电路。

2．实训器材

（1）时间继电器控制串接电阻降压启动电路（演示及模板）。

（2）时间继电器控制串接电阻降压启动套件（两人一组）。

（3）手动及时间继电器控制的 Y-△降压启动电路（演示及模板）。

（4）手动控制 Y-△降压动控制电路套件（两人一组）。

（5）延边三角形降压启动控制电路（演示用）。

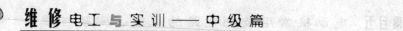

（6）自耦变压器降压启动电路（演示用）。

（7）常用工具、导线、万用表等。

3．画出时间继电器控制串接电阻降压启动、手动控制 Y-△降压动控制电路原理图与安装图

4．根据原理图 5.19、图 5.20 及安装图安装电路

5．用万用表检测电路安装是否正确

（1）串电阻降压启动

如图 5.19 所示，按下按钮 SB_1，用万用表测 L_{22}、L_{32} 间的电阻为 KM_1、KM_2 线圈并联电阻；触碰 KT 时间继电器上的"微动"触点，使 KT 常开触点闭合，这时万用表测得的是 KM_1、KM_2、KT 线圈并联的电阻，这时电阻应变小。若测得的电阻为 0 欧，说明有短路现象，若电阻为无穷大，说明有断路现象。

（2）Y-△降压启动

如图 5.20 所示，按下按钮 SB_1，用万用表测 L_{21}、L_{31} 间的电阻是 KT、KM_Y 线圈并联的电阻；按下 KM_Y 接触器的动铁心，测得的是 KT、KM_Y、KM 线圈并联的电阻；松开 KM_Y 接触器的动铁心，按下 KM 接触器动铁心，测得的是 KT、KM_Y、$KM_△$、KM 线圈并联的电阻。三次测得的电阻应由大到小排列。

如果测量电阻时，万用表的表针经常晃动，电路中很可能有接触不良的地方。检查顺序是按钮、常闭触点、常开触点及线圈。

6．注意事项

（1）时间继电器应选用通电延时闭合触点，不能选成断电延时。

（2）$KM_△$、KM_Y 联锁触点位置不能接错。

（3）$KM_△$ 主触点不能接错，防止造成电源短路。

（4）Y-△启动转换时间约为 3s，不能按下星形启动按钮后随即按下三角形运行按钮。

（5）在有条件的情况下，可选做延边三角形降压启动控制电路。

任务六　三相绕线式异步电动机的启动与调速

三相绕线式异步电动机的转子绕组是绕组通过滑环接成星形联接的，这样转子电路就可以实现串接电阻启动。转子电路串接电阻启动，既可以减小启动电流，又可以增加启动转矩。这对起重、传输等要求启动转矩大的场合尤为适合。

> ➤　**知识链接 1　时间继电器控制绕线式异步电动机的启动**

此种启动方式的控制电路如图 5.26 所示。

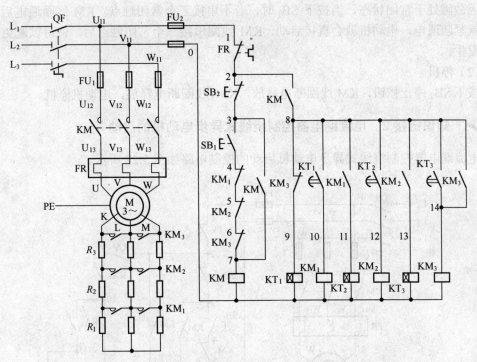

图 5.26　时间继电器控制绕线式异步电动机转子串电阻启动电路

电路的工作原理介绍如下。

（1）启动

按下 SB_1 启动按钮→KM 线圈通电
$\begin{cases} \text{KM 主触点闭合→电动机转子串电阻启动} \\ \text{KM 自锁触点闭合→}KT_1\text{ 线圈通电} \end{cases}$

短路电阻 R_1：

KT_1 常开触点延时闭合→KM_1 线圈通电
$\begin{cases} KM_1\text{ 主触点闭合→}R_1\text{ 被短路} \\ KM_1\text{ 自锁触点闭合→}KT_2\text{ 线圈通电} \end{cases}$

短路电阻 R_2：

KT_2 常开触点延时闭合→KM_2 线圈通电
$\begin{cases} KM_2\text{ 主触点闭合→}R_2\text{ 被短路} \\ KM_2\text{ 自锁触点闭合→}KT_3\text{ 线圈通电} \end{cases}$

短路电阻 R_3：

KT_3 常开触点延时闭合→KM_3 线圈通电
$\begin{cases} KM_3\text{ 主触点闭合→}R_3\text{ 被短路→启动结束} \\ \text{电动机额定运转} \\ KM_3\text{ 自锁触点闭合→自锁} \\ KM_3\text{ 联锁点分断→}KT_1\text{、}KM_1\text{、}KT_2\text{、}KM_2\text{、} \\ KT_3\text{ 线圈断电} \end{cases}$

KM_1、KM_2、KM_3 常闭触点与 KM 线圈串联，可确保串接 R_1、R_2、R_3 启动。如 KT_3 常开

触点因故障处于常闭状态，当按下 SB_1 时，若不串接三个常闭触点，KM 线圈通电后，KM_3 线圈就紧随通电，电动机就会直接启动。KM 线圈串接三个常闭触点后，就可以避免上述现象的发生。

（2）停机

按下 SB_2 停止按钮，KM 线圈断电释放，KM_3 线圈断电释放，电动机停机。

➤ **知识链接 2　电流继电器控制绕线式异步电动机的启动**

电流继电器控制绕线式异步电动机启动的控制电路如图 5.27 所示。

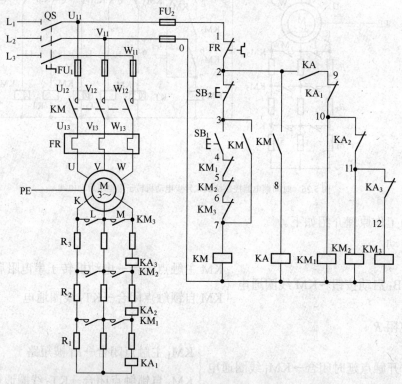

图 5.27　电流继电器控制绕线式异步电动机转子串电阻启动电路

电路工作原理如下。

按下 SB_1 启动按钮，KM 线圈通电，电动机 M 启动，由于启动电流较大，电流继电器 FA_1、FA_2、FA_3 全部吸合，使常闭触点 FA_1、FA_2、FA_3 分断，保证了转子串接 R_1、R_2、R_3 电阻启动在 KM 主触点闭合的同时两个 KM 自锁触点闭合，一个自锁，一个中间继电器 KA 线圈通电，为短接电阻做准备。

过流继电器的释放电流 FA_1 最大，FA_2 次之，FA_3 最小。

短路电阻 R_1：

转子电流降到 FA_1 的释放电流→电流继电器 FA_1 释放→FA_1 常闭触点重新闭合→KM_1 线圈通电→KM_1 主触点闭合→R_1 被短路。

短路电阻 R_2：

转子电流降到 FA_2 的释放电流→电流继电器 FA_2 释放→FA_2 常闭触点重新闭合→KM_2 线圈通电→KM_2 主触点闭合→R_2 被短路。

同理，当电流降到电流继电器 FA_3 的释放电流时，R_3 一样被短路，S 最终使电动机在额定状态下运行。

停机：

按下 SB_2 停止按钮，KM 线圈、KA、KM_1、KM_2、KM_3 线圈依次断电释放，电动机停机。

➤ 知识链接 3 凸轮控制器控制绕线式异步电动机的启动与运行

凸轮控制器控制绕线式异步电动机的启动与运行的电路图及运行原理如图 5.28、图 5.29 所示。

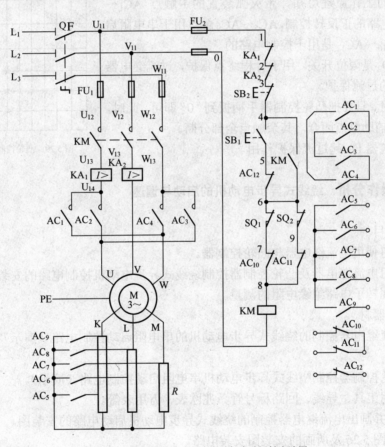

图 5.28 凸轮控制器绕线式异步电动机启动运转电路图

（1）启动准备

按下 SB_1 启动按钮，KM 线圈通电 $\begin{cases} \text{KM 线圈通电→准备启动} \\ \text{KM 自锁触点闭合→自锁} \end{cases}$

（2）正转、转子串电阻启动

① 手柄扳至正转"1"位置，这时凸轮控制器的 AC_{10}、AC_{12} 常闭触点分断，AC_{11} 闭合；同时，主触点 AC_2、AC_4 闭合，电动机串接全部电阻启动。

② 手柄扳至正转"2"位置，用于转子电路的触点 AC_5 又闭合，AC_5 触点以下的电阻被短路。

③ 随着转速的上升，手柄依次扳至正转"3"、"4"位置，AC_7、AC_8 触点先后闭合，其触点以下的电阻先后被短路。

④ 最后，手柄扳至正转"5"位置，AC_8、AC_9 触点闭合，所有电阻被短路，电动机启动完毕，额定运行。

电动机的反转启动、运行原理除了主电路换相外，其余部分基本都相同。

由电路的工作原理可知，带灭弧装置的主触点 $AC_1 \sim AC_4$ 用于主电路的正反转控制，$AC_5 \sim AC_9$ 触点用于串电阻启动控制，$AC_{10} \sim AC_{12}$ 是用于控制电路的。

SQ_1、SQ_2 是限位开关，用于行程终点保护，过流继电器用于主电路的过流保护。

当停机时，只要把凸轮控制器手柄扳到"0"即可。此时，$AC_{10} \sim AC_{12}$ 辅助触点闭合，其余触点全部分断。

电流继电器 FA 起过流保护作用。

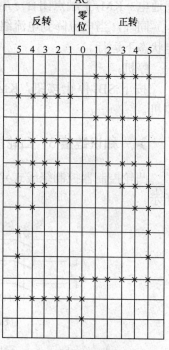

图 5.29　凸轮控制器触点分合图

 操作分析　绕线式异步电动机的启动与调速

1．实训目的

（1）学习使用电流继电器与凸轮控制器。

（2）学习电流继电器及凸轮控制器控制绕线式异步电动机控制电路的安装方法。

（3）掌握转子电路绝缘电阻的测量。

2．实训器材

（1）电流继电器控制的绕线式异步电动机的串电阻启动控制电路（演示及模板）及套件（2～8 人组）。

（2）凸轮控制器控制绕线式异步电动机串电阻启动控制电路（演示）。

（3）常用工具、导线、回路标号管、兆欧表、万用表等。

3．设计并画出电流继电器控制的绕线式异步电动机启动电路的安装图。

4．根据图 5.26 及所画的安装图安装电路。

5．用万用表检测控制电路是否正确。

6．用兆欧表测量转子电路的绝缘电阻。

方法如下。

（1）连接兆欧表与转子电路。

（2）手摇发电动机转速约为 60 转每分。

（3）测得的电阻应 $\geq 50M\Omega$。

7．注意事项

（1）调节选择电流继电器的动作电流，保证启动时 FA_1、FA_2、FA_3 常开触点全部分断，电流减小时，电流继电器 FA_1、FA_2、FA_3 依次释放。

（2）电流继电器线圈及串接的电阻接线要仔细，不能接错，接线要牢固，不能松动，防止接触电阻过大，但也不要过紧。

（3）在有条件的情况下，选做凸轮控制器控制绕线式异步电动机的启动。若不具备条件，至少要做演示实验，让学生观摩。

任务七　三相异步电动机的制动

三相异步电动机断电后，由于惯性，还要继续运转。为了使电动机立即停转或在规定的时间表内停转，必须采取制动措施。三相异步电动机的常用制动方式有电磁抱闸或液压制动，还有反接制动、能耗制动等。本任务介绍电磁抱闸制动、反接制动和能耗制动。

基础知识

➤ 知识链接 1　电磁抱闸制动

（一）电磁抱闸制动器

1．电磁抱闸制动器的结构

如图 5.30 所示，电磁抱闸制动器主要由电磁铁和闸瓦制动器组成。

制动用电磁铁由线圈、铁心和衔铁组成。

闸瓦制动器由轴、闸轮、闸瓦、杠杆弹簧组成。

2．电磁抱闸制动器的工作原理

在自然状态下，闸瓦紧紧抱住闸轮。此时，与闸瓦制动器连轴运转的电动机处于制动状态而不能转动。

当线圈通电后，线圈的电磁力与弹簧反作用力达到新的平衡，使闸瓦与闸轮分离，电动机就可以启动运行。

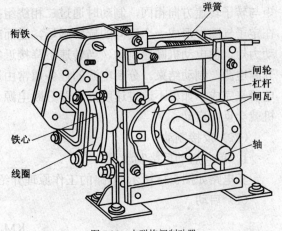

图 5.30　电磁抱闸制动器

电磁抱闸制动定位准确，制动迅速，广泛地应用在电梯、卷扬机、吊车等工程机械上。

（二）电磁抱闸制动的控制电路

其控制电路如图 5.31 所示。电路的工作过程如下：

在没通电的情况下，闸瓦紧紧抱住闸轮，电动机处于制动状态。启动时，按下 SB_1 启动按钮，KM 线圈通电，KM 主触点、自锁触点闭合，电磁抱闸 YB 线圈通电，线圈的电磁吸力大于弹簧的拉力，闸瓦与闸轮分开，电动机启动运转。

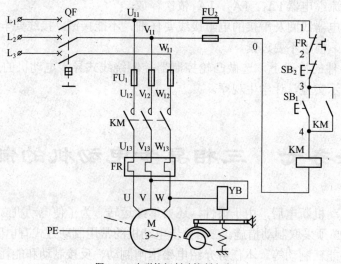

图 5.31　电磁抱闸制动控制电路

制动时，按下 SB₂ 停止按钮，KM 线圈断电释放，YB 线圈断电释放，闸瓦在弹簧力的作用下，紧紧抱住闸轮，电动机迅速制动。

> ➤　知识链接 2　反接制动

（一）反接制动原理

如图 5.32 所示，三相异步电动机正转时，电磁转矩与转子转速方向相同，制动时通过二相绕组换相，在定子气隙中形成一个反向的旋转磁场，进而产生制动力矩，使电动机减速制动。当转速下降接近零时，分断电源，制动结束。分断电源的任务通常由速度继电器来完成。如果不通过速度继电器分断电源，电动机就会反向启动。

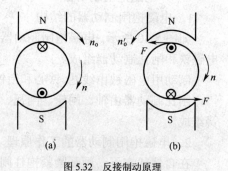

图 5.32　反接制动原理
（a）旋转磁场与转子转速同向
（b）旋转磁场与转子转速反向

（二）反接制动

1．单向启动反接制动

其电路如图 5.33 所示。电路的工作原理介绍如下。

（1）启动

按下 SB₁ 启动按钮→KM₁ 线圈通电
$\left\{\begin{array}{l}\text{KM}_1 \text{ 主触点闭合→电动机启动} \\ \text{KM}_1 \text{ 自锁触点闭合→自锁} \\ \text{KM}_1 \text{ 联锁触点分断→联锁、KM 线圈不通电} \\ \text{电动机转速>100 转每分→速度继电} \\ \text{器 KS 常开触点闭合，准备制动} \end{array}\right.$

（2）开始制动

$$按下\ SB_2\ 停止按钮\begin{cases} KM_1\ 线圈断电释放\rightarrow 电动机作惯性运动 \\ \\ KM_2\ 线圈通电\begin{cases} KM_2\ 主触点闭合，串接电阻\ R\ 反接制动 \\ KM_2\ 自锁触点闭合\rightarrow 自锁 \\ KM_2\ 联锁触点分断\rightarrow 联锁 \end{cases}\end{cases}$$

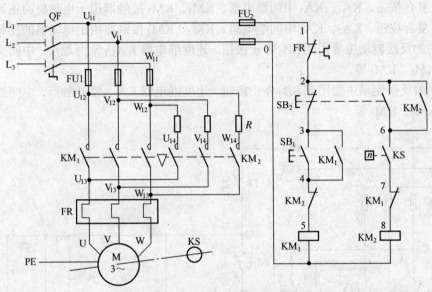

图 5.33　三相异步电动机的反接制动控制电路

（3）制动结束

当电动机转速≤100 转每分时，速度继电器 KS 常开触点分断，KM_2 线圈断电释放，电动机制动结束。

反接制动时，转子与旋转磁场的方向相反，相对转速为 $n_0' + n$（n_0'：反向旋转磁场转速，n：转子转速），此时转子电路切割旋转磁场产生的感应电流很大，比启动电流还大得多。在 KM_2 主触点上串接电阻 R 的目的就是要限制反接制动电流。

（4）限流电阻的选择

当电源电压为 380V 时，要求反接制动电流小于启动电流时，限流电阻可由下式确定：

$$R \approx 0.15\ \frac{220}{I_q}\ \Omega$$

要求反接制动电流等于启动电流时，限流电阻为

$$R \approx 0.15\ \frac{220}{I_q}\ \Omega$$

2．双向反接制动

（1）电路分析

如图 5.34 所示，主电路中主要器件的作用如下。

KM_1 主触点用于正转运行及反转时的反接制动。

KM₂ 主触点用于反转运行及反转时的反接制动。

KM₃ 运转时闭合，制动时断开，保证电动机串接限流电阻制动。

KA₅ 速度继电器的两个常开触点，一个用于正转时的反接制动，另一个用于反转时的反接制动。

如图 5.34 所示，控制电路中的主要器件作用如下。

SB₁ 复合按钮、KA₁、KA₃ 中间继电器、KM₁、KM₃ 接触器用于电动机的正转控制。

SB₂ 复合按钮、KA₂、KA₄ 中间继电器、KM₂、KM₃ 接触器用于电动机的反转控制。

正转的反接制动主要用到 SB₃ 停止按钮、速度继电器 KA₅₋₁ 常开触点、中间继电器 KA₃、接触器 KM₂、KM₃ 等。

反转的反接制动主要用到 SB₃ 停止按钮、速度继电器 KA₅₋₂ 常开触点、中间继电器 KA₄、接触器 KM₁、KM₃ 等。

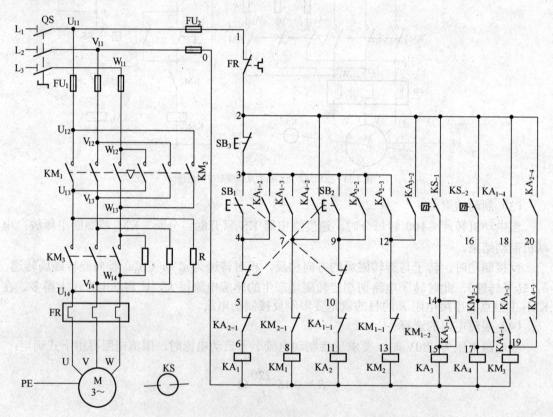

图 5.34　三相异步电动机的双向反接制动控制电路

（2）电路的工作原理

① 正转串电阻降压启动

$$按下\ SB_1 \rightarrow KA_1\ 线圈通电 \begin{cases} KA_{1-1}\ 分断联锁 \\ KA_{1-2}\ 闭合自锁 \\ KA_{1-3}\ 闭合 \rightarrow KM_1\ 线圈通电 \\ KA_{1-4}\ 闭合 \end{cases} \begin{cases} KM_1\ 常闭触点分断联锁 \\ KM_1\ 常开触点闭合 \\ KM_1\ 主触点闭合，电动机串电阻降压启动 \end{cases}$$

② 额定运行

当电动机转速上升到一定值时，电动机转速大于 300 转每分，速度继电器 KS_{-1} 常开触点闭合，另一处的 KM_{1-2} 常开触点已闭合，所以：

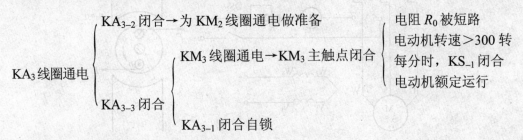

$$KA_3 \text{线圈通电} \begin{cases} KA_{3-2} \text{闭合→为 } KM_2 \text{线圈通电做准备} & \begin{cases} KM_3 \text{线圈通电→} KM_3 \text{主触点闭合} \end{cases} \\ KA_{3-3} \text{闭合} \\ KA_{3-1} \text{闭合自锁} \end{cases}$$

电阻 R_0 被短路
电动机转速>300 转
每分时，KS_{-1} 闭合
电动机额定运行

③ 停机制动分断电源

按下 SB_3 停止按钮，中间继电器 KA_1 线圈断电，其控制过程如下：

$$\begin{cases} KA_{1-1} \text{重新闭合} \\ KA_{1-2} \text{分断；} \\ KA_{1-3} \text{分断→} KM \text{线圈断电} \begin{cases} KM_1 \text{自锁触点分断} \\ KM_1 \text{联锁触点闭合} \\ KM_1 \text{主触点分断→电动机作惯性运动} \end{cases} \\ KA_{1-4} \text{分断→} KM_3 \text{线圈断电→} KM_3 \text{主触点分断→接入限流电阻 } R \end{cases}$$

④ 串接电阻制动

由于 KA_{3-2} 已闭合，KM_1 常闭触点又重新闭合因此 KM_2 线圈通电→KM_2 主触点闭合→电动机串电阻 R 反接制动

⑤ 制动结束

当电动机的转速≤100 转每分时，KS_{-1} 常开触点重新分断，使：

$$KA_3 \text{线圈断电} \begin{cases} KA_{3-1} \text{自锁触点断开} \\ KA_{3-3} \text{自锁触点断开} \\ KA_{3-2} \text{自锁触点断开→} KM_2 \text{线圈断电释放→制动结束。} \end{cases}$$

三相异步电动机的反向启动需按下复合按钮 SB_2，制动时仍按 SB_3，其控制原理与正转电路相同，请读者自己分析。

> **知识链接 3　能耗制动**

1. 能耗制动的原理

三相异步电动机正常运转分断电源后，仍会做一段时间的惯性运动。此时，若在定子绕组中通入一恒定直流电，在定子气隙中就会产生一个恒定磁场，转子电路中就会产生感应电流。该感应电流与恒定磁场的相互作用就会产生一个制动力矩，使电动机迅速停机。停机后需切断直流电源。其制动原理如图 5.35 所示，当 QS_2 接通电源，QS_1 向下接通 V、W 相绕组，电动机就进入了能耗制动状态。

2. 能耗制动控制电路

为了节约器材，实际的能耗制动是对原电源半波或全波整流得到直流电的，而不需另配直流电源，如图 5.36 所示。电路的制动工作原理介绍如下。

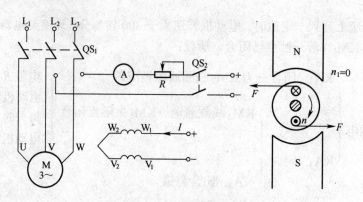

图 5.35　能耗制动的原理

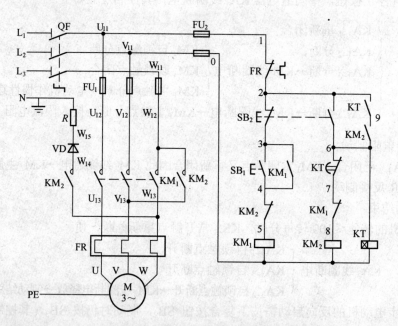

图 5.36　三相异步电动机半波整流能耗制动控制电路

（1）开始制动

按下 $SB_2 \rightarrow KM_1$ 线圈断电 $\begin{cases} KM_1 \text{自锁触点分断} \\ KM_1 \text{主触点分断} \rightarrow \text{电动机作惯性运动} \\ KM_1 \text{联锁触点重新闭合} \end{cases}$

SB_2 的常开触点、KM 联锁触点闭合，使得：

KM_2 线圈通电 $\begin{cases} KM_2 \text{自锁触点闭合自锁} \\ KM_2 \text{联锁触点分断} \\ KM_2 \text{主触点闭合} \rightarrow \text{电动机接直流电源} \rightarrow \text{能耗制动} \end{cases}$

同时 KT 线圈通电，KT 常开触点瞬时闭合。

（2）制动结束

当电动机转速接近零时：

KT 常闭触点延时分断→KM$_2$ 线圈断电释放→整流电路失电→制动结束。

3．全波整流能耗制动

全波整流的制动电流是半波整流的两倍，所以较大功率（10kW 以上）的电动机常采用全波整流能耗制动。

全波整流能耗制动控制电路如图 5.37 所示，交流电压经变压器变压，再通过全波整流得到直流电。电路其余工作原理同半波整流能耗制动电路，请读者自己分析。

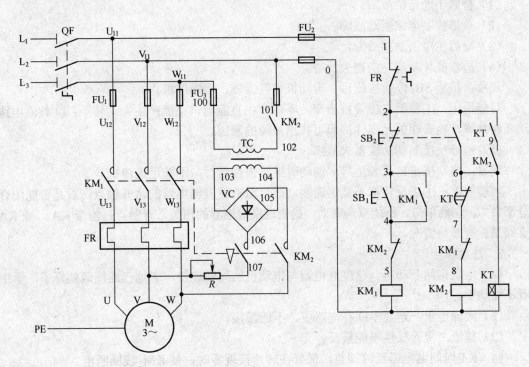

图 5.37　全波整流能耗制动控制电路

 操作分析 三相异步电动机的制动

1．实习目的

（1）能熟练地用万用表检测电工元器件的好坏。

（2）能熟练地标出回路标号。

（3）掌握电磁抱闸、能耗、单向反接控制电路的安装方法。

（4）会检测以上三个电路出现不能制动的故障。

2．实训器材

（1）三相异步电动机电磁抱闸制动控制电路（演示、模板）。

（2）三相异步电动机单向反接制动控制电路（演示、模板）。

（3）三相异步电动机半波整流能耗制动控制电路（演示、模板）。

（4）以上三个电路的套件（两人一组）。

（5）电工常用工具、万用表、导线、回路标号管等。

3．用万用表检测整流二极管及其他电器设备的好坏。若有坏的，请排除故障或更换。

4．画出电磁抱闸制动、单向反接制动及能耗制动的安装图。

5．根据原理图及安装图安装电磁抱闸制动、单向反接制动及能耗制动控制电路。

6．用万用表检测电路是否正确。

7．故障检修：

（1）检修不能自锁故障；

（2）检修控制电路断路故障；

（3）检修主电路缺相故障；

（4）检修能耗制动功能丧失故障；

现象：按下 SB_1 停止按钮后，电动机惯性运转，慢慢停机。

可能原因：①整流二极管被击穿，不能产生直流电，不能产生制动转矩；②整流电路出现断路故障，检查相关元器件，即可找出故障的原因。

（5）检修反接制动功能丧失故障。

现象：电动机正、反转正常，制动时继续惯性运行，不能迅速停机。

可能原因：①正反转都不能迅速制动时，检查速度继电器的常开触点，看是否能闭合、分断自如。②能单向。不能双向制动，检查速度继电器的相关常开触点；检查 KA_{5-1} 或 KA_{5-2} 支路是否有断路情况。

8．注意事项

（1）电磁抱闸制动器、速度继电器与电动机的同轴连接，老师已连接调整好了，学生只看不要动手。

（2）限流电阻一定要串联在电路中，不能漏接。

（3）整流二极管极性不能接反。

（4）KT 时间继电器延时调整，最好在转速接近零时，使 KM_2 线圈断电。

任务八　三相异步电动机的变极调速

由三相异步电动机的转速公式

$$n = (1-s) n_0 = (1-s) \frac{60f}{p}$$

可知，改变转差 s，改变电源频率，改变磁极对数均可改变电动机的转速。

绕线式异步电动机可在转子电路中串接电阻启动，适当地选择转子电路串接的电阻，就可实现调速作用，这种调速就是改变转差率调速。

改变电源频率调速本书将在电力电子整流与逆变电路中讲解。

本任务重点研究变极调速。

➤ 知识链接 1　变极对数的原理

（一）双速电动机的原理

由图 5.38 可知，每相定子绕组由两个绕组组成。当两个绕组串联时，U_2、V_2、W_2 悬空，U_1、V_1、W_1 接电源，这就是三角形连接；而 U_1、V_1、W_1 接在同一点时，U_2、V_2、W_2 接电源，这就是双星形连接。

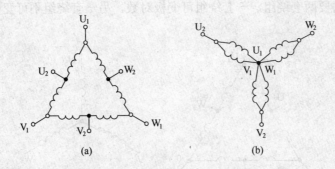

图 5.38　△/YY 双速电动机的定子绕组连接
（a）三角形连接　　（b）双星形连接

三角形连接时是 4 极电动机，双星形联接时是 2 极电动机，其磁极对数的组成如图 5.39 所示。

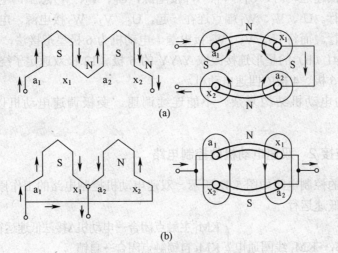

图 5.39　△/YY 定子绕组的磁极对
（a）三角形连接两绕组串联　　（b）双星形连接两绕组并联

双速电动机可以连成△/YY，也可以连成 Y/YY。如图 5.40 所示，对于 Y/YY 双速电动机，定子绕组作星形连接时，为 4 极电动机，双星形连接时，为 2 极电动机。

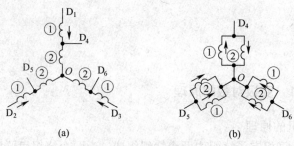

图 5.40　Y/YY 定子绕组的结构
（a）定子绕组星形连接　（b）定子绕组双星形连接

（二）三速电动机的原理

三速电动机需要两套绕组，一套绕组可变极对数，另一套绕组不可变极对数，如图 5.41 所示。

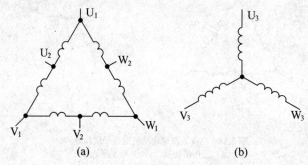

图 5.41　三速电动机的定子绕组
（a）4/8 极定子绕组　（b）6 极定子绕组

电动机如要低速运转时，U_1、V_1、W_1 接电源，U_2、V_2、W_2 悬空，电动极为 8 极三角形接法，可低速运行。U_1、V_1、W_1 端点连在一起，U_2、V_2、W_2 接电源，电动机为 4 极双星形接法，可高速运行。而将 U_3、V_3、W_3 接电源，电动机为 6 极星形接法，可中速运行。

如果把图 3.41（b）的星形连接改成 Y/YY 的 6 极、12 极双速定子绕组，电动机就变成了 12 极、8 极、6 极、4 极的四速电动机。

变极调速的电动机结构复杂，不能连续调速。变极调速电动机以双速电动机最为常见。

➤　**知识链接 2　双速电动机的控制电路**

双速电动机的控制电路如图 5.42 所示。双速电动机控制电路的工作原理介绍如下。

（1）三角形低速运行

按下控钮 SB_1→KM_1 线圈通电 $\begin{cases} KM_1 \text{ 主触点闭合→电动机}\Delta\text{接法低速运行} \\ KM_1 \text{ 自锁触点闭合→自锁} \\ KM_1 \text{ 联锁触点分断→锁住 } KM_2\text{、}KM_3 \end{cases}$

（2）双星形高速运行

按下复合按钮 SB_2，KM_1 线圈断电释放。由于 KM_1 常闭触点重新闭合，SB_2 常开触点闭合，所以：

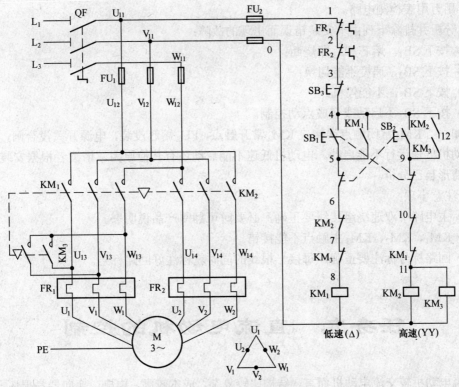

图 5.42 △/YY 双速电动机的控制电路

$$KM_3 线圈通电 \begin{cases} KM_3 主触点闭合 \rightarrow 电动机双星形接法 \\ KM_3 自锁触点闭合 \rightarrow 自锁 \\ KM_{联} 锁触点分断 \rightarrow 锁住 KM_1 线圈 \end{cases}$$

$$KM_2 线圈通电 \begin{cases} KM_2 联锁触点分断 \rightarrow 锁住 KM_1 线圈 \\ KM_2 自锁触点闭合 \rightarrow 自锁 \\ KM_2 主触点闭合 \rightarrow 电动机双星形高速运行 \end{cases}$$

 操作分析 双速电动机的控制

1. 实训目的

（1）掌握双速电动机控制电路的安装方法。

（2）能够熟练地画双速电动机控制电路的安装图。

（3）能熟练地检修断路、短路等故障。

2. 实训器材

（1）双速电动机控制电路（演示、模板）。

（2）双速电动机控制电路套件（两人一组）。

（3）常用电工工具、电工仪表、导线、回路标号管等。

3. 画出 △/YY 双速电动机控制电路的安装图。

4. 根据原理图及安装图安装双速电动机控制电路。

5. 用万用表检测电路。

6. 分析并排除下列由于安装错误而出现的故障：

（1）按下 SB_1，熔芯 FU_2 即烧断；

（2）按下 SB_2，速度不能切换；

（3）按下 SB_3，不能停机；

（4）按下 SB_1 不启动或变成点动控制。

例如：当 KM_2 常闭触点误接成 KM_2 常开触点，FU_2 熔芯没装，电源开关没合闸，这些都会使电动机低速运行不能启动。电动机低速不能启动还有其他原因，请读者根据安装过程中的出错情形自己分析。

7. 注意事项

（1）主电路中双速绕组接线要正确，必要时可翻阅产品说明书。

（2）KM_1、KM_2、KM_3 主触点不能接错。

（3）回路标号标注要正确，每接一根线的同时就标注好回路标号。

任务九 直流电动机的控制

直流电动机较交流电动机而言，结构比较复杂，成本较高，电刷、换向器易损坏。但是，直流电动机可以在大范围内平滑地调速，可频繁启动、制动与反转，有较强的过载能力，便于自动化控制，所以目前在工业生产中得到了广泛的应用，如高精度机床、造纸机等，电动自行车可以说更是人们熟悉不过的了。

➤ 知识链接 1 直流电动机的分类

直流电动机根据励磁方式的不同，可分为他励、并励、串励、复励四种。如图 5.43 所示，他励直流电动机的电枢绕组 M 与励磁绕组各用一个电源；并励电动机的励磁绕组与电枢绕组并联共用一个电源；他励电动机的励磁绕组与电枢绕组串联；复励电动机既有并励，又有串励。本节重点阐述他励直流电动机的启动、调速、制动等，简单介绍并励直流电动机的控制。

➤ 知识链接 2 他励直流电动机的启动

（一）直流电源

过去，直流电源常用交流电动机拖动直流发电机发电产生直流电源，用这种方式生产直流电，结构复杂，效率较低。

目前大功率晶体管与晶闸管技术已较成熟，通过可控整流以及反馈控制，可以提供一个连续可调、输出稳定的直流电压。这种用于调速及稳定转速的技术使直流电动机在高新技术产业中得到了广泛的应用。

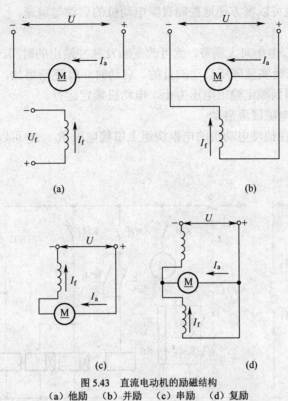

图 5.43　直流电动机的励磁结构

（a）他励　（b）并励　（c）串励　（d）复励

1. 直流发电机

如图 5.44 所示，对于小功率的直流系统，在生产中常用三相异步电动机拖动直流发电机，为直流电动机或直流负载供电。这样的系统供电方便，使用寿命长，但体积较大，系统效率较低，需另配调速系统。

图 5.44　直流发电机系统

2. 可控整流直流电源

如图 5.45 所示，在晶闸管可控整流直流电源电路中，改变电位器 R_p 的输出电阻，就可

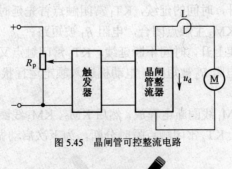

图 5.45　晶闸管可控整流电路

以改变触发脉冲到来的时间，即改变晶闸管的导通时间，从而改变输出电压。由于输出直流电压连续可调，这样就可以很方便地控制直流电动机的启动与调速。

（二）降压启动

如图 5.45 所示，R_p 由小向大调节，就可改变触发脉冲输出的时间，使晶闸管的输出电压由小到大进行变化，从而实现降压启动的目的。启动时，R_p 逐渐增加，U_d 不断上升，电动机转速逐渐变快，一直调到额定输出电压为止，电动机额定运行。

（三）电枢绕组串电阻限流启动

如图 5.46 所示，在他励电动机的电枢绕组上串接电阻 R_1、R_2 可以起到限流降压启动的作用。

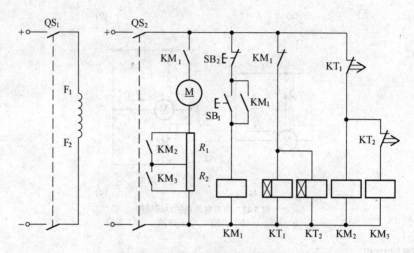

图 5.46　他励直流电动机启动控制电路

电路的工作原理如下：

（1）合上电源开关 QS、KT$_1$、KT$_2$ 时间继电器线圈通电，KT$_1$、KT$_2$ 常闭触点瞬时分断，锁住 KM$_2$、KM$_3$ 线圈不通电。

（2）启动

按下 SB$_2$→KM$_1$ 线圈通电 $\begin{cases} \text{KM}_1 \text{ 主触点闭合→电枢绕组串电阻启动} \\ \text{KM}_1 \text{ 联锁触点分断→联锁} \\ \text{KM}_1 \text{ 自锁触点闭合→准备短路启动电阻及自锁} \end{cases}$

（3）短路电阻 R_1、R_2

随着电动机的转速上升，时间的延续，KT$_1$ 常闭触点首先延时闭合，另 KM$_1$ 自锁触点已闭合，使 KM$_2$ 线圈通电，KM$_2$ 主触点闭合，电阻 R_1 被短路。

随着电动机的转速继续上升，时间不断延续，KT$_2$ 常闭触点又延时闭合，使 KM$_3$ 线圈通电，KM$_3$ 自锁触点闭合，电阻 R_2 被短路，电动机进入额定运行状态。

（4）停机

按下 SB$_1$ 停止按钮，KM$_1$ 线圈断电释放，然后 KM$_2$、KM$_3$ 线圈也断电释放，电动机停机。KT$_1$、KT$_2$ 线圈得电，KT$_1$、KT$_2$ 常闭触点瞬时分断，为下次启动做准备。

由电路的工作原理可以知道，电路选择的是断电延时时间继电器。一方面它可以保证电动机启动时串接电阻 R_1、R_2，另一方面它还实现了电动机正常运行时，时间继电器不工作。

最后要说明一点，他励电动机不得轻载或空载启动，否则，电动机转速会升至很高，因"飞车"而损坏电动机。他励电动机启动时，启动负载要大于 0.2 倍的额定负载。

> **知识链接 3　正反转控制**

他励电动机要改变转向，只要改变电枢绕组的电源极性即可。如图 5.47 所示，通过两副主触点 KM_1、KM_2 即能改变电枢绕组的电源极性。他励电动机的正反转控制电路是由正、反转及串电阻降压启动两部分组成的。串电阻降压启动前面已讲述过了，现在我们来分析正反转的控制原理。

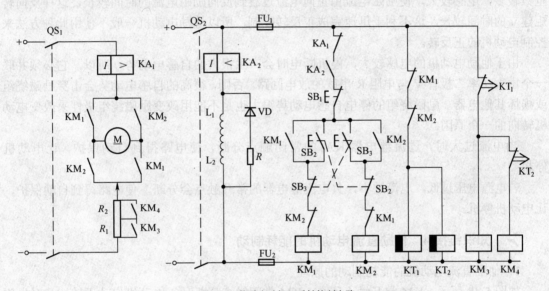

图 5.47　他励电动机正反转控制电路

合上电源后，KT_1、KT_2 线圈通电，KT_1、KT_2 常闭触点分断。锁住 KM_3、KM_4 线圈；欠流继电器 KA_2 通电，KA_2 常开触点闭合；以上两个动作为串电阻降压启动做准备。

正转启动：

按下 SB_2 复合按钮 KM_1 通电 $\begin{cases} KM_1 \text{ 主触点闭合} \rightarrow \text{电动机降压启动} \\ KM_1 \text{ 自锁触点闭合} \rightarrow \text{自锁} \\ KM_1 \text{ 联锁触点闭合} \rightarrow \text{联锁} \\ KM_1 \text{ 联锁触点闭合 } KT_1、KT_2 \text{ 线圈断电} \rightarrow \text{电动机} \\ \text{进入串电阻启动控制过程} \end{cases}$

随着转速的上升，KT_1、KT_2 先后延时分断，电动机额定运行。

停机：

按下 SB_1 停止按钮，KM_1 线圈断电释放，电动机自然停机，KT_1、KT_2 线圈通电，KT_1、KT_2 常闭触点瞬时分断，为反转启动做准备。

反转启动：

$$按下\,SB_3\,复合按钮\rightarrow KM_2\,通电\begin{cases}KM_2\,主触点闭合\rightarrow 电动机反转降压启动\\KM_2\,自锁触点闭合\rightarrow 自锁\\KM_2\,联锁触点分断\rightarrow 联锁\\KM_2\,联锁触点分断\,KT_1、KT_2\,线圈断电\rightarrow 电动机进入串\\电阻启动控制过程\end{cases}$$

停止运行：

按下 SB_1 停止按钮，KM_2（KM_1）线圈断电释放，电动机自然停机；KT_1、KT_2 线圈通电，KT_3、KT_4 线圈断电释放，为两次串电阻启动做准备。

分断电源开关 QS_1、QS_2，KA_2 及 KT_1、KT_2 线圈断电释放，所有继电器都恢复到断电状态。

改变他励电动机的励磁绕组的电源极性，也可以改变电动机的转向。但是，励磁绕组的匝数较多，电感较大，使励磁电流由正向电流过渡到反向励磁电流的时间较长，这样反向转矩建立的时间较长，这不利于迅速完成正反转控制，所以他励电动机一般不使用此种方法来控制电动机的正反转。

由于他励电动机的电感较大，停机断电时会产生很大的自感电动势，所以，它必须并联一个由大功率二极管 V 与电阻 R 串联的放电回路。否则，很高的自感电动势会击穿励磁绕组或损坏其他电器。励磁绕组的停电自感电动势很大也是不能用改变励磁绕组极性来改变电动机转向的一个原因。

当电流过大时，过流继电器 KA_1 的常闭触点分断，使电路得到自动保护，让电动机停机。

若电源电压过低，电流过小，欠电流继电器的常开触点会分断，使电路得到自动保护，让电动机停机。

> ➤ **知识链接 4 他励直流电动机的能耗制动**

1. 他励直流电动机的能耗制动的原理

如图 5.48 所示，KM 常开触点闭合，KM 常闭触点分断时，电动机启动运转，此时电磁矩 M 与转速 n 方向相同。

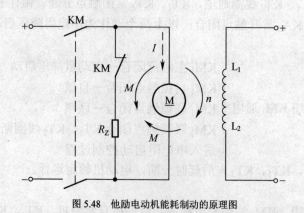

图 5.48　他励电动机能耗制动的原理图

制动时，分断直流电源，同时 KM 常开触点分断，KM 常闭触点重新闭合。此时励磁电流方向不变，电动机惯性运行，转向不变，电枢绕组与 KM 常闭触点及电阻 R_Z 构成回路。由电磁感应定律可知，电路中会产生感应电流 I_Z，其方向与原电流 I 相反，由此产生的电磁转矩 M' 也与原转矩 M 相反。所以 M' 是一制动转矩，随着转速的不断减小，感应电流随之减小，当转速为零时，$I'=0$，$M'=0$，制动结束。

2. 单向运转能耗制动控制电路

单向运行能耗制动控制电路如图 5.49 所示。

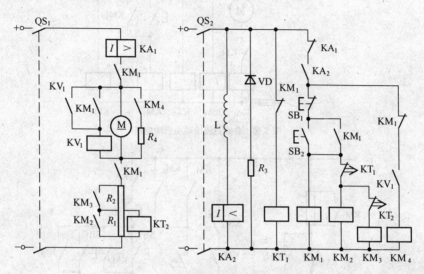

图 5.49　他励电动机单向能耗制动控制电路

基工作原理介绍如下。

启动：

合上 QS_1、QS_2，KA_2 常开触点闭合，KT_1 常闭触点瞬时分断，电动机就可以启动，其启动原理与他励电动机电枢绕组串电阻启动相似。不同之处是 KT_2 时间继电器的位置不同。当 KM_1 主触点闭合时，KT_2 线圈通电，KT_2 常闭触点瞬时断开。当 KM_2 主触点闭合时，KT_2 线圈断电，KT_2 常闭触点延时闭合，电动机启动结束，额定运行。

电动机额定运行时，KV_1 电压继电器线圈通电，KV_1 自锁触点闭合，KM_1 联锁触点分断，KM_4 线圈等待通电，为能耗制动做准备。

能耗制动：

按下 SB_1 停止按钮，分断 QS_1，KM_1、KM_2、KM_3 线圈断电释放。

KM_1 主触点分断→电动机惯性运行。

KM_1 互锁触点闭合→KM_4 线圈通电→KM_4 主触点闭合→电动机发电运行→能耗制动→电动机停转→KV 线圈断电释放。

最后分断 QS_2，励磁绕组放电，全部工作结束。

> ➢　**知识链接 5　并励电动机、串励电动机控制电路**

图 5.50 所示是并励直流电动机启动电路；图 5.51 所示是并励电动机正反转控制电路；图 5.52 所示是并励直流电动机能耗制动电路；图 5.53 所示是串励电动机正反转控制电路。

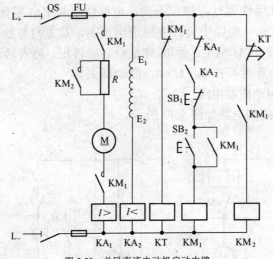

图 5.50　并励直流电动机启动电路

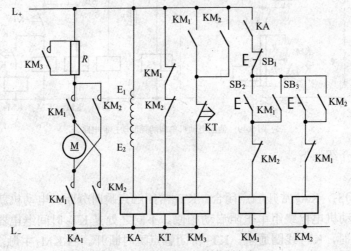

图 5.51　并励电动机正反转控制电路

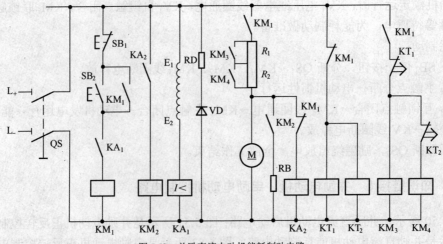

图 5.52　并励直流电动机能耗制动电路

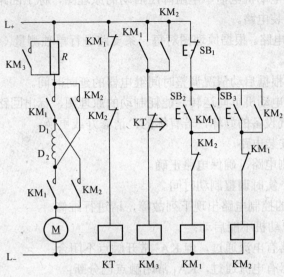

图 5.53 串励电动机正反转控制电路

直流电动机根据励磁方式不同，主电路的接法会有所不同，但控制电路及其工作原理基本上都很相似。所以以上电路请读者自己分析。根据励磁方式不同，直流电动机还有其他控制电路，读者若有兴趣，应能画出有关控制电路，本书就不一一列举了。

 操作分析 他励直流电动机的启动与能耗制动

1．实训目的

（1）掌握他励电动机串接电阻降压启动电路的安装方法。

（2）掌握他励电动机单向启动、能耗制动电路的安装方法。

（3）学会用万用表检测电路安装是否正确。

（4）学会检修他励电动机控制电路的常见故障。

2．实训器材

（1）他励直流电动机启动静控制电路（演示、模板）；

（2）他励直流电动机单向运转能耗制动电路（演示、模板）；

（3）他励直流电动机启动控制电路套件（两人一组）；

（4）他励直流电动机单向运转能耗制动电路（两人一组）；

（5）导线若干、常用工具一套，万用表、验电笔各一只。

注：若没有直流接触器，直流时间继电器，可用交流接触器、交流时间继电器，并用交流电来驱动控制电路。

3．用万用表检测所有电气设备的好坏，若有坏的，应修好或更换。

4．调节时间继电器的延时时间，步骤"3"中的延时：KT_1 约为 3s，KT_2 约为 6s，根据实际情况再进行修正。步骤"7"中的延时：KT_1 约为 3s，KT_2 约为 2s，根据实际情况再进行修正。

5. 画出他励直流电动机电枢串电阻降压启动的原理图，标上回路标号。

6. 根据原理图安装电路。

7. 用万用表检测电路。根据原理图对每一条支路进行单独测量（分断每一条支路的上端头即可进行单独测量）。

8. 通电试运行，根据启动情况调整时间继电器的延时时间。

9. 画出他励直流电动机单向运转、能耗制动的原理图，标出回路标号。

10. 检测相关电气设备的好坏，若有坏的，请修好或更换。

11. 根据原理图安装电路。

12. 用万用表检测电路，确保电路正确。

13. 通电试运行，实时调整制动时间。

14. 图 5.49 所示的控制电路出现下列故障，请进行维修。

（1）按下 SB$_2$，电动机不能启动；

（2）欠电流继电器有电流通过，但 KA$_2$ 常开触点不闭合；

（3）过电流继电器有电流通过，KA$_1$ 常闭触点已分断；

（4）电动机制动已结束，但 KM$_3$、KM$_4$ 主触点却没闭合。

15. 注意事项

（1）时间继电器延时调节应在安装前就调整好。

（2）过流继电器、欠流继电器安装位置不能装错。

（3）制动时，能耗电阻 R_4 的电流应接近电枢额定电流的两倍。

思考与练习

1. 在图 5.54 中，能够实现点动的电路是图（　　　　）；说明其余电路不能自锁的原因。

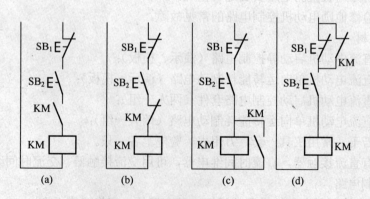

图 5.54

2. 在图 5.55 中，能够实现自锁控制的电路图是图（　　　　）；说明其余电路不能自锁的原因。

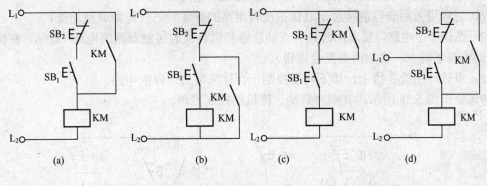

图 5.55

3．在图 5.56 中，能够实现联锁的电路图是（　　　）；说明其余电路不能联锁的原因。

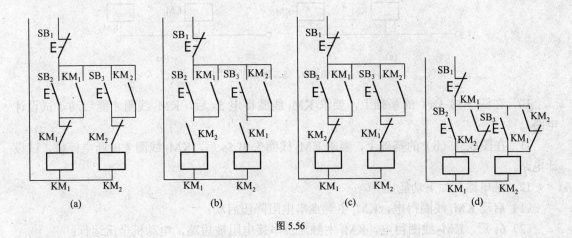

图 5.56

4．在图 5.57 中，不能实现顺序控制的电路是图（　　　）；说明能够实现顺序控制电路的工作顺序。

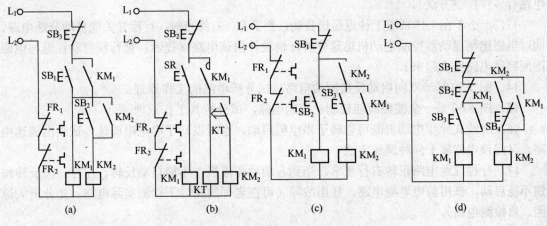

图 5.57

5．怎样用万用表检测具有过载保护的正转辅助电路？

6．怎样用万用表检测接触器联锁正反转电路的好坏？怎样检测联锁功能？

7．设计一个电路，要求同时具有点动联锁和带自锁的接触器联锁电路（提示：在接触器联锁的电路基础上，增加两个复合按钮）。

8．设计一个能在楼上、楼下两层控制一台排风扇启、停的电路。

9．分析图5.58所示，其顺序启动、停机的控制原理。

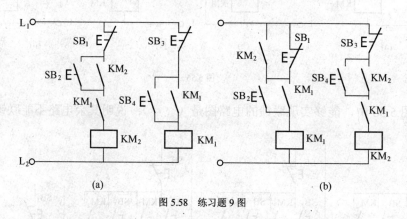

图5.58 练习题9图

10．在图5.58（a）的基础上，要求 KM_1 线圈得电5s后，KM_2 线圈才能启动，试设计电路。

11．在图5.58（b）的基础上，要求 KM_2 线圈失电5s后，KM_1 线圈才能断电停机，试设计电路。

12．某电路有如下功能：

（1）启动 KM_1 线圈得电，KM_1 主触点串电阻降压启动；

（2）6s后，KM_2 线圈得电，KM_1 主触点及串接电阻被短路，电动机全压运行；

（3）然后 KM_1 线圈失电→KT 线圈失电。

该电路的优点是电动机运行时仅 KM_2 接触器工作，电能损耗少。请设计出控制电路（提示：KM_2 联锁触点控制 KM_1，KT 线圈失电，KT 常开延时闭合触点控制 KM_2 线圈得电。该电路有多种控制方法）。

13．一小车在工作轨道上往返运送货物，到了左、右终点时，行程开关能自动分断电路，同时电磁抱闸制动器控制电动机迅速停转，请设计出该电路（提示：把行程自动往返与电磁抱闸制动电路结合起来）。

14．图5.59是一双向启动反接制动电路，试分析电路的工作原理。

15．图5.60是一全波整流能耗制动控制电路，试分析其工作原理。

16．绕线式异步电动机既可以转子串电阻启动，也可以转子串电阻调速，试画出调速电路。又问该电路属于何种调速方法？

17．行程往返电路正转右行正常，当到右端后即停机，不能自动反转、左行，按反转按钮不能启动，试用验电笔测电路，排出故障（可在老师的指导下检测实际电路，先分析大原因，后检测电路）。

18．有两台电动机，主轴电动机 M_1 能实现正反转控制，冷却泵电动机 M_2 只需单向运行，要求 M_2 启动后，M_1 才能启动，M_1 停机后，M_2 才能停机，试画出主电路、控制电路。

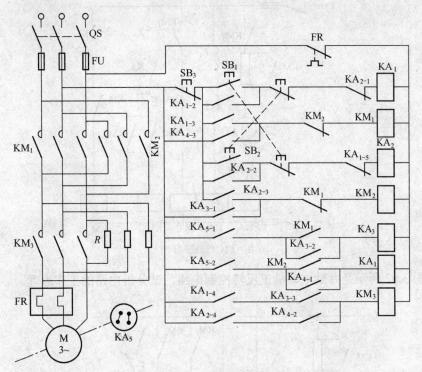

图 5.59　练习题 14 图

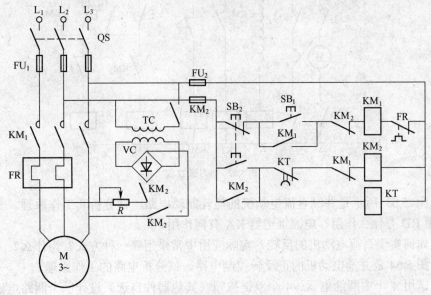

图 5.60　练习题 15 图

19. 在 18 题中，若要求 M_1 停止运行 8s 后 M_2 才能停机，试画出控制电路。

20. 若反接制动时，电动机转速降至 "0" 后又反向启动，试说明原因，排除故障。

21. 图 5.61 是并励电动机的启动控制电路，试分析电路的工作原理。

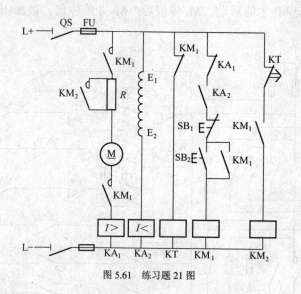

图 5.61　练习题 21 图

22．图 5.62 所示是并励电动机正反转控制电路，试分析电路的工作原理。

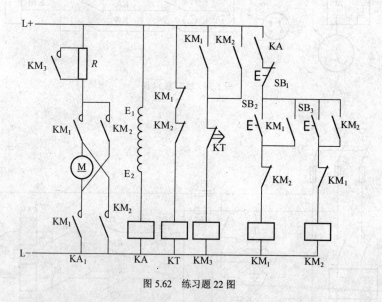

图 5.62　练习题 22 图

23．图 5.63 所示是并励直流电动机的能耗制动电路，试分析其工作原理。又问二极管 VD、电阻 RD 有什么作用？电流继电器 KA 有何作用？

24．如何实现直流电动机的反转？实际应用中常采用哪一种方式？为什么？

25．图 5.64 是并励电动机的正反转控制电路，试分析电路的工作原理。

26．试用 4 个中间继电器、4 个双键按钮（其他器件自选）设计一个四路电磁抢答器。
要求：4 个人中任意一人按下启动按钮后，自己的指示灯亮，蜂鸣器鸣叫，同时锁住其余 3 人的启动按钮。主持人的按钮控制指示灯复位（熄灭），蜂鸣器停叫，为下次抢答作准备。

27．用时间继电器、交流接触器设计一组交通信号灯，功能自选。

28．设计由三组彩灯组成的节日循环亮灭彩灯（可组成字、可组成图案）。

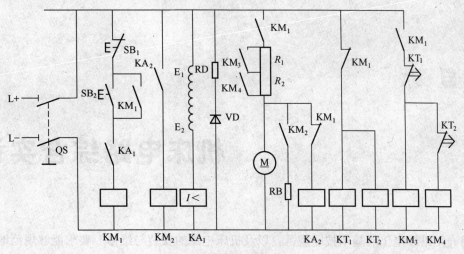

图 5.63　练习题 23 图

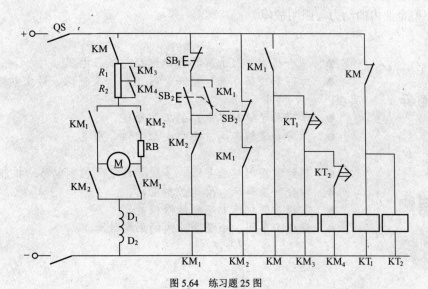

图 5.64　练习题 25 图

项目六

机床电路综合实训

项目介绍维修电工的基本技能规范，以及机床电路的安装与维修。要求能够规范地安装电路，掌握普通车床、平面磨床电路的安装技能，重点掌握各种机床电路的维修技术，会检修车间或小型企业内的动力与照明故障。

知识目标
- 学会根据负载选择导线的线径与低压电器。
- 学习和理解车床、磨床、铣床、牛头刨床、镗床电路的工作原理。
- 学习和了解行车电路的工作原理。
- 学习和理解车间、小型企业的供、用电。

技能目标
- 熟练掌握用单股导线、多股导线安装控制电路的技能。
- 学会安装车床、磨床控制电路。
- 掌握普通机床电路的维修技能。
- 会排除车间、小型企业内的用电故障。

任务一　导线的选择以及与电器元件的连接

基础知识

➢ 知识链接 1　导线的选择

导线与用电设备连接，通过导线的电流应大于用电设备的额定电流。实际电流与导线安全载流相近时，考虑到安全及负载的可能变化，应选择大一规格级别的导线。实际应用时可根据表 6.1、表 6.2 来选择导线。

表6.1	塑料绝缘铜导线的安全电流						（单位：A）

线芯直径/mm	导线面积/mm²	穿钢管安装（每管）			穿硬塑料管安装（每管）		
		一根线	二根线	三根线	一根线	二根线	三根线
1.5	1.37	17	15	14	14	13	11
2.5	1.76	23	21	19	21	18	17
4	2.24	30	27	24	27	24	22
6	2.73	41	36	32	36	31	38

表6.2	橡皮绝缘铜导线的安全载流量						（单位：A）

线芯直径/mm	导线面积/mm²	穿钢管安装（每管）			穿硬塑料管安装（每管）		
		二根线	三根线	四根线	二根线	三根线	四根线
1.5	1.37	17	16	15	15	14	12
2.5	1.76	24	12	20	22	19	17
4.0	2.24	32	29	26	29	26	23
6.0	2.73	43	37	34	37	33	30

表6.3	护套线和软导线的安全载流量						（单位：A）

导线面积/mm²	护 套 线				单根线芯	双 根 线 芯	
	2 根线芯		3 或 4 根线芯				
	塑料绝缘	橡皮绝缘	塑料绝缘	橡皮绝缘	塑料绝缘	塑料绝缘	橡皮绝缘
1.5	17	14	10	10	21	17	14
2.5	23	18	17	16	29	21	18
4.0	30	28	23	21			

> ### 知识链接2 导线与低压电器元件的连接

（一）导线与柱形端子的连接

1. 单股线芯与柱形端子的连接

如图 6.1（a）所示，将导线剥离绝缘层后，插入孔内，拧紧螺钉即可。导线应插到底，接线柱外的裸线约为 3mm。

如图 6.1（b）所示，当导线较细，孔过大时，可将导线折成双股后再连接。

2. 多股线芯与柱形端子的连接方法

如图 6.2（a）所示，将导线绝缘层剥离后，按导线的原方向用钢丝钳拧紧导线，再把导线插入柱形的孔内，拧紧螺钉。螺钉拧紧后导线不应松散。

如图 6.2（b）、6.2（c）所示，当线径过细时，

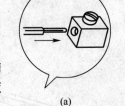

(a)　　　　　　　　(b)

图6.1 单股线芯与柱形端子的连接

可在拧紧的导线上，紧密地排绕一层；当线径过粗时，可把多股线剪去 1～7 股，然后拧紧，即可以正常连接。如果把拧紧的线头搪锡后连接，质量会非常好。

（二）导线与瓦形垫圈端子的连接

1. 单股导线与垫圈端子的连接

如图 6.3 所示，剥离导线的绝缘层后，将裸露的导线做成"U"形，然后与垫圈端子连接

即可。

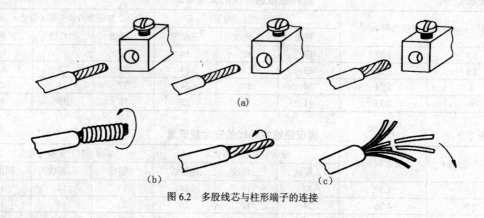

图 6.2 多股线芯与柱形端子的连接

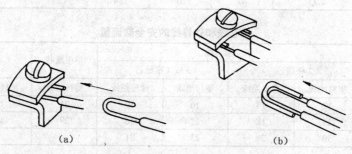

图 6.3 单股线芯与垫圈端子的连接

2. 多股导线与垫圈端子的连接

多股导线与瓦形垫圈端子的连接，一般要求在多股线上连接线耳，然后与瓦形垫圈端子相连。常用的线耳如图 6.4 所示。

如图 6.5 所示，将多股线拧紧，然后插入线耳，用压接钳压紧，即可与垫圈端子相连，如果采用钎焊，效果会更好。

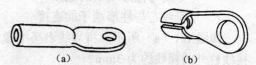

图 6.4 常用线耳
(a) 大载流量线耳 (b) 小载流量线耳

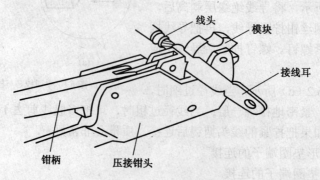

图 6.5 导线与线耳压接方法

小载流线耳与导线之间一般采用锡焊连接，若直接压接，其强度不够，很容易松脱。

➤ **知识链接3 导线与低压电气连接的技术要求**

对于简单电路或不会因经常的振动而引起导线连接松动的场所，可采用单股导线连接。单股导线在布线时，要求横平竖直，横、竖转向均要求垂直转向，导线不允许水平交叉，若无法避免交叉，应在接线柱出口处做成空间交叉，通过改变导线走向的方式来完成。导线与接线柱间应留有1cm以上的长度，然后"垂直"落地，以便安装或维修。

对于电路结构复杂，电气设备较多的情况，应用软线通过线槽布线。线槽与接线柱之间，导线应松紧适度，既不要拉得很直，也不要弯曲，同时要排列有序。

在电路中，电源引线应用多股软线穿金属软管；主电路输出接电动机的连线应用多股软线并穿金属软管；电动机、金属柜架、金属外壳的按钮、开启式负荷开关等都要可靠接零线或可靠接地。

 操作分析 导线的选择与布线

1．实训目的

（1）根据给定的电动机会选用交流接触器与热继电器，以及导线的线径、熔断器及熔丝的规格。

（2）学会单股铜导线布线及多股线槽布线。

2．实训器材

（1）三相异步电动机的接触器联锁正反转控制电路套件（两人一组）及示范模板一块。

（2）行程自动往返控制电路套件（两人一组）及示范模板一块。

（3）电工常用工具一套，万用表一只。

（4）金属软管、回路标号管、导线若干。

3．画出三相异步电动机的接触器联锁正反转控制电路，以及行程自动往返的控制电路原理图及安装图。

4．技能训练

（1）根据给定的电动机功率（3～7.5kW），选择导线（分单股、多股）、热继电器、交流接触器及熔断器。

（2）检测各电气设备是否完好。

（3）用单股铜导线连接接触器控制的电动机正反转控制电路。要求布线横平竖直，没有交叉，回路标号正确，接电源、接电动机的软线要穿金属软管，有接地符号的电气设备要可靠接地。

（4）用多股铜导线连接行程自动往返电路。导线进入线槽顺序，走向要合理，松紧适度，其余同上述第（3）点的相应要求。

（5）反复练习安装以上两个电路，时间在3天左右。要求在二个半小时内熟练地安装完一个电路。

5. 注意事项

（1）导线弯曲时，很难做到横平竖直或松紧有度，用两把钢丝钳夹紧导线两头的线芯，适当用力拉，即可把导线拉得很直。

（2）若不能在二个半小时内按技术要求安装完电路的话，应用课余时间练习。

（3）通电时，必须在老师的指导下进行。

（4）要根据所用导线的实际长度量取导线，不能随意剪取，以免不是过长就是过短，浪费导线。

（5）焊接导线与线耳时，应注意操作安全，防止烫伤或用电事故。

（6）先安装控制电路，再安装主电路。

（7）压紧螺钉，旋紧时用力，压紧要适度，防止损坏电气设备。

6. 完成实习报告。

任务二 CA6140 型车床电气控制电路

机床可分为普通机床和数控机床。普通机床以手工操作为主；数控机床主要通过计算机编程，对机床进行控制，其自动化程度、加工精度都远高于普通机床。数控机床控制电动机正、反转和工作台的上下、左右移动，是通过继电器装置来完成的，这与普通机床相类似。从本任务开始，本书将研究普通机床的控制电路。

车床是机床中的一类，他可以加工内、外圆和螺纹、螺杆以及端面等。

➢ 知识链接 1 CA6140 型车床的性能

（一）型号

CA6140 型车床所标各符号的意义介绍如下。

C——类别代号：车床类。

A——结构特性代号。

6——组别代号：落地及卧式车床。

1——系列代号：卧式车床系。

40——最大孔径。

（二）机械结构与性能

CA6140 型车床的主要结构如图 6.6 所示，它主要由主轴箱、纵横溜板、进给箱、刀架、丝杠等组成。

CA6140 型车床的主车由正反转及转速调节由主轴变速箱来完成，正转速度在 10～1 400r/min 之间，共有 24 挡，反转速度在 14～1 580r/min 之间，共有 12 挡。

刀架的纵、横向运行由溜板箱上手柄控制。

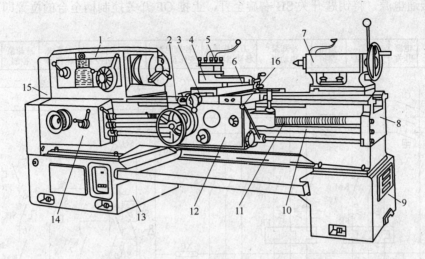

图 6.6　CA6140 型车床的主要结构

1—主轴箱　2—纵溜板　3—横溜板　4—转盘　5—方刀架　6—小溜板　7—尾架　8—床身　9—右床座
10—光杠　11—丝杠　12—溜板箱　13—左床座　14—进给箱　15—挂轮架　16—操纵手柄

> **知识链接 2　CA6140 型车床的电气控制原理**

（一）电路的功能区域

（1）机床电路比起电力拖动的基本单元控制电路要复杂得多，电器设备与元器件也要多得多，所以在电气控制的原理图上，按功能从左至右标出区域，这样可便于看懂电路，便于安装与维修电路。

（2）如图 6.7 所示，在电气原理图上除了标出功能区域外，还在每个元器件文字等符号的下方，标出与该元件相关的区域数字，这样检修和查找起来非常方便。如 FR_2 常闭触点下的 3，表示热元件在 3 号区域，常开触点 KM 下的 7 表示 KM 线圈在 7 号区域。

（3）在接触器线圈下方从左至右分别标上主触点、常开触点、常闭触点的区域数字。例如，KM 线圈下的 3 个"2"表示 2 号区域；常开触点在 8 号、10 号区域；常闭触点没用，则用"×"表示（也可不用任何符号表示）。

继电器的常开、常闭触点所在位置表示方法同接触器。

（二）电源

如图 6.7 所示，各控制电路电源的功能如下：

（1）电源由自动空气开关控制。短路时由 FU_1 熔断器进行保护，过流由空气开关的过流脱扣器保护（未画出）。

（2）控制电路由变压器 TC 分别提供 110V 的工作电压，24V 的照明电压及 6V 的信号灯电压。

（3）位置开关 SQ_1 在电路工作时闭合。检修时，打开皮带罩后，SQ_1 自动分断，使电路不能启动工作。

位置开关 SQ_2 在电路工作时分断，检修时打开配电屏门时 SQ_2 闭合，QF 线圈通电，使 QF 开关不能闭合，确保车床电路断电。

（4）接通电源，将钥匙开关 SB 右旋至开，上推 QF 开关控制柄至合的位置即可。

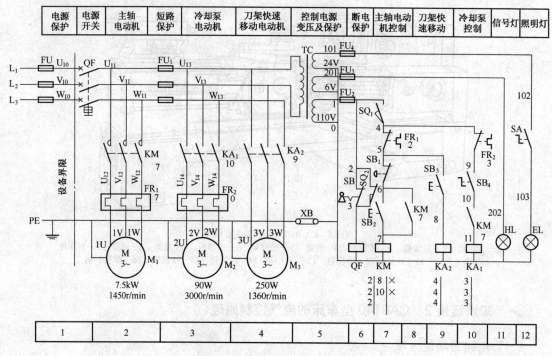

电源保护	电源开关	主轴电动机	短路保护	冷却泵电动机	刀架快速移动电动机	控制电源变压及保护	断电保护	主轴电动机控制	刀架快速移动	冷却泵控制	信号灯	照明灯
1	2	3	4	5	6	7	8	9	10	11	12	

图 6.7　CA6140 型车床电气控制电路

（三）机床电动机运行控制

（1）7.5kM 主轴电动机由接触器 KM 等电器组成的自锁、过载保护电路进行控制。

（2）90W 冷却泵电动机只有在主电动机启动后才能启动，该顺序控制电路由继电器 KA_1、转换开关 SB_4 等组成。

（3）250W 刀架快速移动电动机由继电器及按钮 SB_3 进行点动控制。

（4）接通电源信号灯 HL 就亮，工作照明灯由转换开关 SA 控制。

操作分析　CA6140 型车床电气控制

1．实训目的

（1）掌握 CA6140 型车床电路的安装技能。

（2）会选择 CA6140 型车床电路所需的电气元件，并会测量电器元件的好坏。

（3）学习用电压法测量电路的好坏。

2．实习器材

（1）电气元件表，见表 6.4 所列。

（2）常用电工工具一套。

（3）万用表、兆欧表、钳形电流表。

（4）导线、塑胶管金属软管、字码管等。

表 6.4　　　　　　　　　　　CA6140 型车床电气元器件

代　号	名　称	型号及规格	数量	用　途	备　注
M_1	主轴电动机	Y132M—4—B3 7.5kW、1 450r/min	1	主传动用	
M_2	冷却泵电动机	AOB—25、90W、3 000r/min	1	输送冷却液用	
M_3	快速移动电动机	AOS56.34、250W 1 360r/min	1	溜板快速移动用	
FR_1	热继电器	JR16—20/3D、15.4A	1	M_1 的过载保护	
FR_2	热继电器	JR16—20/3D、0.32A	1	M_2 的过载保护	
KM	交流接触器	CJ0—20B、线圈电压 110V	1	控制 M_1	
KA_1	中间继电器	JZ7—44、线圈电压 110V	1	控制 M_2	
KA_2	中间继电器	JZ7—44、线圈电压 110V	1	控制 M_3	
SB_1	按钮	LAY3—01ZS/1	1	停止 M_1	
SB_2	按钮	LAY3—10/3.11	1	启动 M_1	
SB_3	按钮	LA9	1	启动 M_3	
SB_4	旋钮开关	LAY3—10X/2	1	控制 M_2	
SQ_1、SQ_2	位置开关	JWM6—11	2	断电保护	
HL	信号灯	ZSD—0、6V	1	刻度照明	无灯罩
QF	断路器	AM2—40、20A	1	电源引入	
TC	控制变压器	JBK2—100 380V/110V/24V/6V	1		110V、50VA 24V、45VA

3．阅读、熟悉 CA6140 型车床的电气原理图与安装图。如图 6.8 所示。

4．根据原理图、安装图安装 CA6140 型车床控制电路

（1）检测电气元件是否符合质量要求。

（2）根据安装图布置固定电气元件或熟悉电气元件的位置。

（3）用单股导线连接壁龛盘内的电气元件。要求横平竖直，套回路标号。

（4）用多股导线连接（穿管、套回路标号，穿 1～2 根备用线），电动机与主令电气元件。

（5）电路连接好后，用兆欧表检测电动机绕组及变压器主绕组的绝缘电阻。

（6）用万用表测量电气元件的金属外壳对地电阻是否为 0Ω。

（7）用万用表的交流电压档检测电路是否正确。

① 检测电源线电压是否为 380V。

② 检测变压器输出电压 110V、24V、6V 是否正确。

③ 当 SQ_1、SQ_2 闭合、SB 分断时，按下 SB_2（此前应检查整个电路正确无误）启动电路。用万用表测电压：

回路标号 1～7 之间电压应为 0V，若为 110V，说明该支路有断路故障。回路标号 7～0 之间应为 110V，否则线圈可能出现了断路。

电动机 M_1 任意两相之间电压为 380V，相电压为 220V。

用以上方法分别测量电动机 M_2、M_3 以及 9、10 两区的电路。

用电压表测量（电压法）电路，只能检测断路及局部短路故障。出现短路故障时，只能用测电阻的方法进行检测。

5．注意事项

（1）带电检测电路一定要在老师的指导下进行。

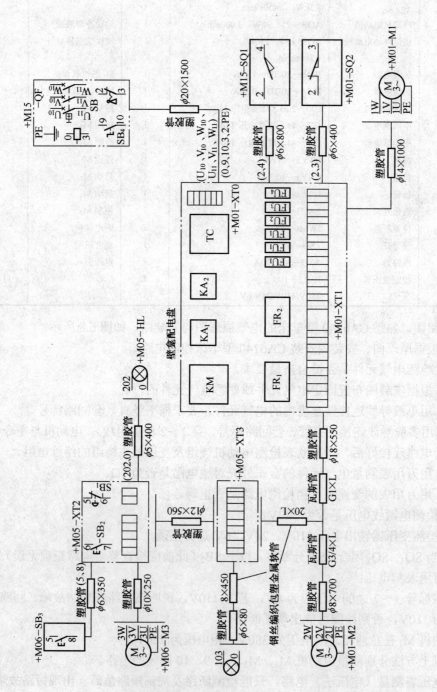

图6.8 CA6140型车床电气安装图

（2）所有的接地线一定要接，而且要接牢。

（3）安装完毕后，一定要测量绝缘电阻、金属外壳的对地电阻。

（4）软管铺设路径合理，防止挤压、磨损。

（5）在设备齐全的条件下，应按 CA6140 型车床的实际电路安装。安装完成后，应在老师（机械工程师）的配合下，调试电路，并使车床运行。

设备不具备时，可仿真安装车床电路，然后观摩 CAS6140 型电路及车床运行过程。

6．故障检修

CA6140 型车床的常见故障分析如表 6.5 所示

表 6.5　　　　　　　　　　　　CA6140 型车床常见故障分析

故障现象	原因	故障点	检查方法
按下 SQ₂ 后，启动	停电或断路故障	电源有电否 FU₁、FU₂、FU SQ₁、FR₁、SB₁、SB₂、KM	查看电源电压熔断器是否熔断 用电笔或万用表检测断路点
按下 SB₂ 后 QF 跳闸	短路故障	M₁ 绕组击穿或部分击穿 KM 线圈击穿或部分击穿 TC 绕组击穿或部分击穿	用万用表查三相绕组 用万用表查 KM 线圈，查看是否烧焦
HL 或 EL 不亮	断路或灯泡损坏	SA 不能闭合 HL、EL 或 FU₃、FU₄ 熔断	用电笔或万用表测量灯座接触是否良好，是否有漏电
合上 SB₄ 后 M₂ 不启动	断路故障	FR₂、SB₄、KM 常开、KA₁ 线圈	用电笔或万用表检测断路点
合上 QF 就跳闸	短路	TC、KM、KA₂、KA₁、M₁、M₂、M₃、QF 绕组或导线磨损漏电	FU 熔断，查 M₁ FU₁ 熔断 M₂、M₃、TC 查看有关线圈，绕组有否烧焦痕迹 检查 M₁、M₂、M₃、TC 的绝缘电阻

任务三　M7120 型平面磨床电气控制电路

➤ 知识链接 1　M7120 型平面磨床的机械结构与性能

如图 6.9 所示，M7120 型平面磨床主要由电磁吸盘、磨头等组成。

电磁吸盘依靠电磁吸力固定金属工件，磨头上夹持切削砂轮，通过砂轮的转动来磨削加工金属工件。

M7120 型平面磨床共有砂轮、砂轮升降、液压往复运动及冷却用四台电动机。该机床具有控制电路的原理简单，便于安装维修等特点，在机械加工方面具有操作便捷，加工精度高，很适宜加工精密工件。

M7120 型号的意义为 M——磨床；7——平面；1——卧轴台式；20——工作台面宽为 20cm。

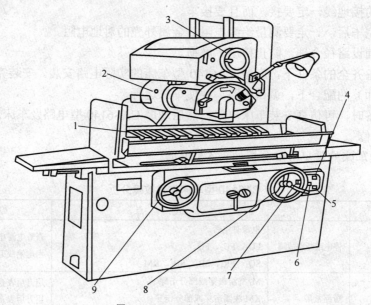

图 6.9　M7120 型平面磨床示意图

1—电磁吸盘　2—磨头　3—磨头横向进给手轮　4—砂轮启动按钮　5—停止按钮

6—电磁吸盘按钮　7—液压泵电动机启动按钮　8—磨头垂直进给手轮　9—工作台移动手轮

➤　知识链接 2　M7120 型平面磨床电气控制原理

M7120 型平面磨床电气控制电路图如图 6.10 所示。下面对各部分电路予以介绍。

（一）电源

（1）如图 6.10 所示，四台电动机的线电压为 380V，由 QS_1 控制。

（2）变压器 TC 提供 110V、24V 及 6V 的电压分别用于控制电路、照明与整流电路、信号灯电路。KA 中间继电器起着为控制电路接通 110V 电源的作用。

（3）电磁吸盘 YH 的直流电源由整流电路 TC（24V）与桥式整流器 VC 提供。

（二）电动机的运行控制

（1）2 区的液压电动机 M_1 与 7 区的 KM_1 支路组成一自锁、过载保护的电动机正转电路。电动机 M_1 运转后，通过液压装置控制工作台做往返运动。

（2）3 区的砂轮电动机与 9 区的 KM_2 支路功能同 M_1 的控制原理。4 区的冷却电动机 M_3 与 M_2 组成主电路控制的顺序启动电路。M_2 启动后，M_3 接插 X_1 即启动。

（3）5 区的砂轮升降电动机 M_4 与 11、12 区的 KM_3、KM_4 组成电动机点动控制正反转电路。

（三）电磁吸盘

13～15 区的 KM_5、KM_6 支路用于控制 16～21 区电磁吸盘充、去磁。充磁工作时，其工作原理如下：

按下 SB_8 按钮→KM_5 线圈通电 $\begin{cases} KM_5 \text{ 自锁触点闭合自锁} \\ KM_5 \text{ 主触点闭合→YH 充磁→吸持工件} \\ KM_5 \text{ 联锁触点闭合联锁} \end{cases}$

由图 6.10 易看出，电磁吸盘的电流方向是由上往下的。

去磁时按下 SB_9，KM_5 断电释放，同时

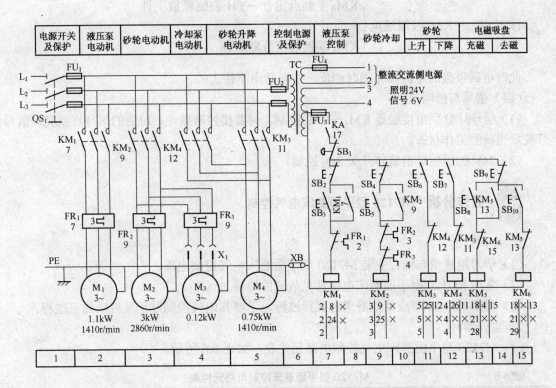

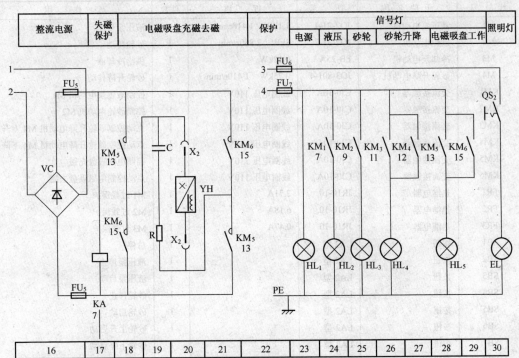

图6.10 M7120型平面磨床电气控制电路

$$按下 SB_{10} \rightarrow KM_6 线圈通电 \begin{cases} KM_6 主触点闭合 \rightarrow YH 去磁释放工件 \\ \\ KM_6 联锁触点分断联锁 \end{cases}$$

此时电磁吸盘的电流和充磁时相反，方向是由下往上的。

（四）信号与照明

（1）信号灯分别由接触器 $KM_1 \sim KM_6$ 控制，只要接触器通电，对应的信号灯就亮。信号灯表示当前的工作状态。

（2）24V 的照明灯由旋转开关 SQ_2 控制。

 操作分析 M7120 型平面磨床电气控制

1．实训目的

（1）学习用线槽布线。安装 M7120 型平面磨床电气控制电路。

（2）掌握 M7120 型平面磨床电路常见故障的检修。

（3）观摩 M7120 型或其他磨床的运行过程，了解其电气控制过程及机械加工过程。

2．实训器材

（1）M7120 型平面磨床电气控制电路元件表，如表 6.6 所示。

表 6.6　　　　　　　　　　　M7120 型平面磨床控制电路元件表

代　号	元件名称	型　号	规　格	件数	作　用
M1	液压泵电动机	JO2-21-4	1.1kW　1 410r/min	1	液压泵传动
M2	砂轮电动机	JO2-31-2	3kW　2 860r/min	1	砂轮传动
M3	冷却泵电动机	PB-25A	0.12kW	1	供给冷却液
M4	砂轮升降电动机	JO3-801-4	0.75kW　1 410r/min	1	砂轮升降传动
KM1	交流接触器	CJ0-10A	线圈电压 110V	1	控制液压泵电动机 M1
KM2	交流接触器	CJ0-10A	线圈电压 110V	1	控制砂轮电动机 M2
KM3	交流接触器	CJ0-10A	线圈电压 110V	1	点动控制砂轮升降电动机 M4 上升
KM4	交流接触器	CJ0-10A	线圈电压 110V	1	点动控制砂轮升降电动机 M4 下降
KM5	交流接触器	CJ0-10A	线圈电压 110V	1	控制电磁吸盘充磁
KM6	交流接触器	CJ0-10A	线圈电压 110V	1	点动控制电磁吸盘去磁
FR1	热继电器	JR10-10	2.71A	1	M1 过载保护
FR2	热继电器	JR10-10	6.18A	1	M2 过载保护
FR3	热继电器	JR10-10	0.47	1	M3 过载保护
SB1	按钮	LA2 型		1	总停
SB2	按钮	LA2 型		1	液压泵停止
SB3	按钮	LA2 型		1	液压泵启动
SB4	按钮	LA2 型		1	砂轮停止
SB5	按钮	LA2 型		1	砂轮启动
SB6	按钮	LA2 型		1	砂轮上升启动
SB7	按钮	LA2 型		1	砂轮下降启动
SB8	按钮	LA2 型		1	电磁吸盘充磁
SB9	按钮	LA2 型		1	电磁吸盘停止充磁
SB10	按钮	LA2 型		1	电磁吸盘去磁

续表

代　号	元件名称	型　号	规　格	件数	作　用
TC	变压器	BK-150	380/110、24、6V、140V	1	整流降压照明灯、指示灯低压电源
VC	硅整流器	4X2CZ11C		1	整流
KA	欠电压继电器			1	欠电压保护
R	电阻	GF 型	50W　500Ω	1	放电保护
C	电容		600V　5μF	1	放电保护
YH	电磁吸盘	HDXP	110V　1.45A	1	吸持工件
X_1	接插器	CY0-36 型		1	连接电磁吸盘
X_2	接插器	CY0-26 型		1	连接 M3
FU_1	熔断器	RL1	60/25A	3	总线路短路保护
FU_2	熔断器	RL1	15/6A	2	变压器输入端短路保护
FU_3	熔断器	RL1	15/6A	1	控制电路短路保护
FU_4	熔断器	RL1	15/2A	1	变压器输出端短路保护
FU_5	熔断器	RL1	15/2A	2	整流电路短路保护
FU_6	熔断器	RL1	15/2A	1	照明电路短路保护
FU_7	熔断器	BCF	15/2A	1	指示灯电路短路保护
QS_1	转换开关	HZ1	25/3	1	电源总开关
QS_2	工作台照明灯开关			1	低压照明开关
$HL_1 \sim HL_5$	指示灯		6.3V	5	指示电路工作状况
EL	工作台照明灯		24V	1	加工时照明

（2）电工常用工具一套。

（3）万用电表、兆欧表、钳形表各一只。

（4）多股软导线若干。

（5）线槽若干米，金属软管、塑胶管、水煤气金属管若干米。

3．阅读、熟悉 M7120 型平面磨床电气控制原理图。设计并画出电器元件的分布图，画出 M7120 型平面磨床的电气安装图。

设计时要求：

（1）画出电气元件的图形符号、文字符号。

（2）标出回路标号；

（3）导线经过端子排时，也要标回路标号。

4．根据原理图、安装图安装 M7120 型平面磨床电路。

5．注意事项

（1）不要漏接零线。

（2）每安装一根导线都要套好回路标号，并随即检查是否正确。导线一旦进入线槽后，检查时就不怎么方便了。

（3）接到按钮、电动机的导线应穿管，并套好回路标号。

（4）只有在老师的指导下才能通电试车。

（5）整流二极管的极性不能接反。

（6）确保各功能电路的电压不能接错，安装完电路后，应检测各电源电压是否正常。

（7）条件具备的，应结合 M7120 型平面磨床据实安装电路；条件不具备的，应在安装板上仿真安装电路，观摩实际磨床的电气控制过程与机械加工过程。

6. 常见故障的维修

在老师的指导下完成表 6.7 所示的 M7120 型平面磨床的常见故障分析。

表 6.7　　　　　　　　　M7120 型平面磨床的常见故障分析

故 障 现 象	原　因	故　障　点	检 查 方 法
按 SB₃，M₁ 不启动	断路	FU₂、FU₃、KA、SB₁、SB₃ 等有断路、没能闭合或熔断故障点	用电笔或万用表检查，若 FU₂、FU₃ 熔断要查明原因
按 SB₅，M₂ 不启动	断路	参考上	同上
按 SB₈，充磁正常，按 SB₁₀，不去磁	断路	SB₁₀ 不能闭合或 KM₃ 不能闭合，KM₆ 线圈断路，或 KM₆ 主触点不闭合	用电笔依次检查、测试
磨头能降不能升	断路	SB₆ 或 KM₃ 不能闭合或 KM₄ 线圈断路	同上
某一信号灯不亮	断路	灯丝烧断或接触松动	换灯泡或旋紧
电磁吸盘不工作	断路短路	FU₅ 熔断	查明原因，更换
		整流管击穿，输出交流	检测二极管

任务四　Z35 型摇臂钻床电气控制电路

➤ **知识链接 1　Z35 型摇臂钻床的结构与性能**

图 6.11 所示，Z35 型摇臂钻床的结构主要由内外立柱、摇臂等组成。

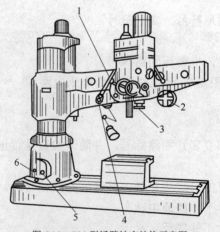

图 6.11　Z35 型摇臂钻床结构示意图
1—主轴箱手动夹紧手柄　2—十字开关　3—主轴手动进给手轮
4—立柱松开夹紧按钮　5—电源总开关　6—冷却泵电动机开关

Z35 型摇臂钻床工作时，内立柱固定在底座上不能转动，外立柱可围绕着它转动 360°；

摇臂可通过丝杠沿外立柱上下移动；主轴可做旋转和进给运动；主轴箱可沿摇臂做径向运动。加工工件时，除主轴做旋转、进给运动外，其余部件都是固定不移动的。

Z35 型摇臂钻床可用来钻孔、铰孔、镗孔次螺纹等，最大加工直径为 50mm。

Z35 型摇臂钻床型号的意义：Z——钻床，3——摇臂，5——最大孔径。

➢ **知识链接 2　Z35 型摇臂钻床的电气控制**

Z35 型摇臂钻床的电气控制原理图如图 6.12 所示。下面对各电路部分分别予以介绍。

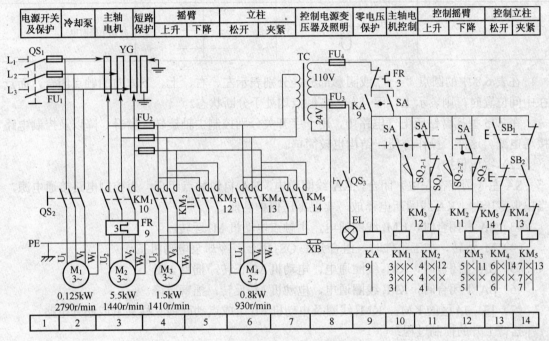

图 6.12　Z35 型摇臂钻床电气控制原理图

（一）电源

如图 6.12 所示，交流 380V 电源经滑流环 YG 引入给电动机 M_2、M_3、M_3，通过变压器提供 24V 的照明电压与 110V 的控制电路电压。

（二）电气控制

（1）十字开关。

十字开关可以理解为组合开关的一种，其触点通断情况及控制功能如表 6.8 所示。

表 6.8

开 关 位 置	实 物 位 置	控制线路符号	控制电路工作情况
左			KA 获电并自锁
右			KM_1 获电，主轴旋转

续表

开关位置	实物位置	控制线路符号	控制电路工作情况
上			KM$_2$ 获电，摇臂上升
下			KM$_3$ 获电，摇臂下降
中			控制电路断电

在表 6.8 中的圆点"·"或阴影部分，分别表示左、右、上、下方向的触点闭合，而点在中间位置时，则表示上、下、左、右触点均处于分断状态。

在 Z35 型摇臂钻床电气电路中，用十字开关分别控制主轴旋转摇臂升、降以及控制电路接通电源。这样，操作方便，结构也较简单。

（2）零压保护。

SA 左（圆点在左边）闭合，KA 线圈通电，KA 自锁触点闭合，为控制电路接通电源，当出现零压时，KA 线圈断电释放，实现零压保护功能。

（3）SA 右闭合时，KM$_1$ 线圈通电，主触点电动机 M$_2$ 运转。

（4）M$_2$ 运转，加工工件时，组合开关 QS$_2$ 闭合，冷却泵电动机工作。

（5）SA 上闭合时，KM$_2$ 线圈通电，电动机 M$_2$ 正转，摇臂上升。

（6）SA 下闭合时，KM$_3$ 线圈通电，电动机 M$_2$ 反转，摇臂下降。

（7）13、14 区的 KM$_4$、KM$_5$ 线圈及电动机 M$_4$ 组成点动联锁立柱夹紧或松开电路。

摇臂上升的控制过程：

十字开关的手柄扳至 SA 上→KM$_2$ 线圈通电→M$_3$ 启动正转（空转，摇臂暂不上升）。此时，机械装置使摇臂松开，推动鼓形组合开关 SQ$_{2-2}$ 闭合。

摇臂松开时，电动机 M$_3$ 开始拖动丝杆控制摇臂上升。当摇臂上升到需要的位置时：

十字开关手柄扳至 SA 中→KM$_2$ 线圈断电释放→KM$_2$ 联锁触点闭合（SQ$_{2-2}$ 已闭合）→KM$_3$ 线圈通电→电动机 M$_3$ 反转→摇臂夹紧。

摇臂夹紧的同时，机械装置使 SQ$_{2-2}$ 触点分断→KM$_3$ 线圈断电释放→M$_3$ 停车→摇臂上升，夹紧工作结束。

摇臂要下降时，十字开关手柄扳至 SA 下即可，其余控制过程与摇臂上升相似。

➢ 知识链接 3 Z35 型摇臂钻床电气控制元件

Z35 型摇臂钻床电气控制元件如表 6.9 所列。

表 6.9　　　　　　　　　　Z35 型摇臂钻床电气控制元件明细表

代 号	元 件 名 称	型 号	规 格	件数	作 用
M$_1$	冷却泵电动机	JCB-22-2	0.125kW　380/220V 2 790r/min	1	带动冷却液泵供给冷却液
M$_2$	主轴电动机	JO2-42-4	5.5kW　380/220V 1 440r/min	1	主轴传动

续表

代　号	元件名称	型　号	规　格	件数	作　用
M_3	摇臂升降电动机	JO2-22-4	1.5kW　380/220V 1 410r/min	1	摇臂升降
M_4	立柱夹紧松开电动机	JO2-21-6	0.8kW　380/220V 930r/min	1	立柱夹紧松开
KM_1	交流接触器	CJ0-20	20A110V	1	主轴控制
KM_2	交流接触器	CJ0-10	10A110V	1	M3 正转控制
KM_3	交流接触器	CJ0-10	10A110V	1	M3 反转控制
KM_4	交流接触器	CJ0-10	10A110V	1	M4 正转控制
KM_5	交流接触器	CJ0-10	10A110V	1	M4 反转控制
FU_1	熔断器	RL1 型	60A 熔体 25A	3	电源总保险丝
FU_2	熔断器	RL1 型	15A 熔体 10A	3	M3、M4 线路短路保护
FU_3	熔断器	RL1 型	15A 熔体 2A	1	照明线路短路保护
QS_1	组合开关	HZ2-25/3 型	25A	1	电源总开关
QS_2	组合开关	HZ2-10/3 型	10A	1	冷却泵开关
SA	十字开关	定制		1	M2、M3 控制
KA	零电压继电器	JZ7-44 型	110V	1	失电压保护
FR	热继电器	JR2-1 型	11.1A	1	M2 过载保护
SQ_2	组合开关	HZ4-22 型		1	M3 正反转控制
SQ_1、SQ_3	行程开关	LX5-11Q/1 型		2	摇臂升降限位控制
SB_1	按钮	LA2 型	5A	1	M4 正转点动控制
SB_2	按钮	LA2 型	5A	1	M4 反转点动控制
TC	变压器	BK-150	150VA　380/110、24、6.3V	1	控制照明线路低压电源
EL	照明灯架	KZ 型带开关、灯架、灯泡	24V40W	1	机床局部照明
YG	汇流环				

 操作分析 Z35 型摇臂钻床电气控制线路的检修

1．实训器材
（1）电工常用工具一套。
（2）万用电表、兆欧表、钳形表各一只。
（3）Z35 型摇臂钻床（4～8 人一组）。
2．阅读熟悉 Z35 型摇臂钻床电气控制原理图。
3．画出 Z35 型摇臂钻床电器元件分布图，画出安装图，并标上回路标号。
4．注意事项
（1）维修前，先向师傅（老师）询问故障现象，判别故障的位置。
（2）在老师的指导下进行维修。
（3）维修完后由师傅（老师）试车运行。
（4）防止机械碰伤与触电事故。
5．故障分析与维修
在老师的指导下维修表 6.10 所示的 Z35 型摇臂钻床的常见故障进行故障分析与维修。
摇臂不能下降，下降后摇臂不能夹紧的故障请参照摇臂不能上升、上升后不能夹紧的故障进行分析。

维修电工与实训——中级篇

表6.10　　　　　　　　　　　　Z35型摇臂钻床摇臂钻床的常见故障

故障现象	原　因	故　障　点	检　查　方　法
分断 SA 右 M_2 不停机	在大的启动电流下，KM_1 主触点熔焊	KM_1 主触点及动铁心	查看 KM_1 主触点是否熔焊，动铁心是否卡死
手柄板至 SA 上时摇臂不上升	断路或机械传动失灵	SA 上、SQ_1、KM_3 有断路点，机械原因使传动丝杆失控	用验电笔或万用表检测断路点，检查机械传动齿轮键销，丝杆是否配合电动机工作
TC 突然燃烧	过载	绕组绝缘层老化被击穿	① 寻问现象 ② 打开壁龛控制箱观察检查
上升后摇臂不夹紧	12区的 KM_3 反转电路断路	KM_2、SQ_{2-2} 没能闭合	检查 KM_2 常闭触点是否闭合传动齿轮与 SQ_{2-2} 位置是否匹配
立柱不能松开	断路或机械、液压传动部分失灵	SB_1 常开触点不能闭合，SB_2、KM_5 常闭触点断路。油压系统、传动机构故障	用万用表或电笔检测断路点。检查 M_4 与立柱松开之间的油压传动机构
立柱不能夹紧	断路或机械液压传动部分失灵	SB_1、KM_4 常闭触点断路，SB_2 常开触点不能闭合油压、传动机构故障	检查方法同上

任务五　X62W万能铣床电气控制线路

➤ 知识链接1　X62W万能铣床的机械结构与作用

如图6.13所示，X62W万能铣床主要由主轴、工作台、升降台等组成。X62W万能铣床的主轴由变速传动机构与传动机构控制，主轴控制铣刀转动。铣刀通过刀杆支架装在悬梁上，悬梁与刀杆支架可以做水平移动。升降台可以上下移动，工作台装在溜板上（可左右移动），溜板装在升降台上（可前后移动），溜板上部还装有可转动±45°的回转盘。

万能铣床的工作台可做上下、前后、左右运动。可以加工平面、斜面、螺旋面等多种形状的工件，可分别选取圆柱铣刀、圆片铣刀、角度铣刀等不同刀具。

X62W万能铣床型号的意义：

X：铣床；6：卧式；2：2号工作台（表示工作台宽度）；W：万能。

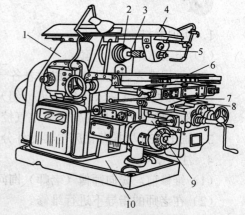

图6.13　X62W万能铣床的结构
1—床身　2—主轴　3—刀杆　4—悬梁
5—刀杆挂脚　6—工作台　7—回转盘
8—横溜板　9—升降台　10—底座

➤ 知识链接2　X62W万能铣床的电气控制原理

X62W万能铣床的电器控制原理图如图6.14所示。电路的控制分析如下。

 172

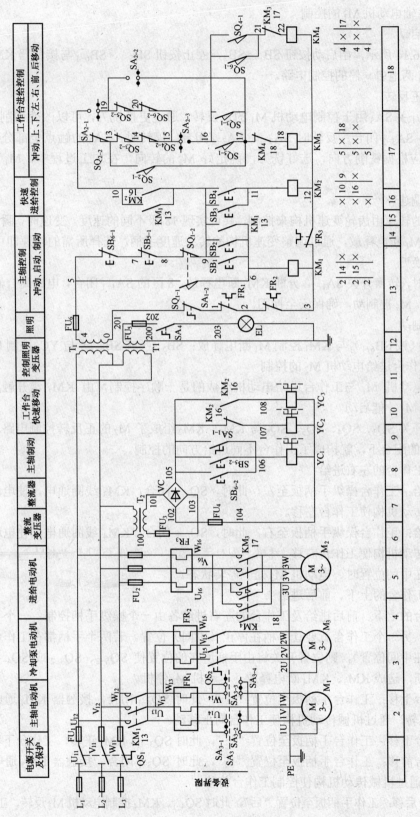

图 6.14 X62W 万能铣床的电气控制原理图

1. 主轴电动机 M_1 的控制

（1）启动

如图 6.14 所示，由启动按钮 SB_1、SB_2，停止按钮 SB_{5-1}、SB_{6-1} 与接触器 KM_1 组成控制电动机 M_1 两地启、停的控制电路。

（2）正反转

转换开关 SA_3 用于控制电动机 M_1 的正反转，通过更换铣刀，可以改变切削方向。正转时 SA_{3-2}、SA_{3-3} 闭合；反转时 SA_{3-1}、SA_{3-4} 闭合；停转时，SA_3 的触点全部分断。在铣削工件前，应根据铣削方向，选好铣刀，确定好 M_1 的转向，在加工过程中，M_1 不能改变转动方向。

（3）调速

主轴的转速由齿轮变速机构来控制，共可实现 18 级不同的速度。变速时，瞬时点动转换开关，使 M_1 断电释放，通过调整变速机构的转动速度手柄，选择所需的转速即可。

（4）换刀

换刀时，转换开关 SA_{1-2}，分断 KM_1 断电释放，8 区的 SA_{1-1} 闭合，电磁离合器（制动用）线圈通电，M_1 被制动，确保安全换刀。

（5）制动

SB_{5-1}（或 SB_{6-1}）与 KM_1 控制 M_1 断电释放；SB_{5-2}（或 SB_{6-2}）与 YC_1 控制 M_1 制动。

2. 工作台进给电动机 M_2 的控制

主轴电动机 M_1 与工作台进给电动机组成的是一顺序控制，由 KM_1 常开触点控制，即 M_1 启动后 M_2 才能启动。

位置开关 SQ_3、SQ_4、SQ_5、SQ_6 与 KM_1、KM_2 组成了 M_2 的正反转控制电路。他们在与 SQ_3、SA_2 的配合下，就构成了工作台不同进给方向的控制。

（1）工作台的左右进给

左进给：工作台操纵手柄扳至左，此时，SQ_{5-1} 闭合，KM_3 线圈通电，使电动机正转，控制机械传动机构使工作台左移。

右进给：工作台操纵手柄扳至右，此时，SQ_{6-1} 闭合，KM_4 线圈通电，使电动机反转，控制机械传动机构使工作台右移。

手柄在中间位置时，电动机 M_2 处于停转状态。

（2）工作台的上下、前后进给

工作台的上下、前后进给及工作台的左右进给各由一个操纵手柄控制，一个手柄控制工作台运行，另一个工作台就要让手柄在停止（中间）位置。若两个手柄都在工作台的运行位置（都不在中间位置），则位置开关将由手柄所在的位置使 SQ_{5-2}、SQ_{3-2} 或 SQ_{4-2}、SQ_{6-2} 常闭触点分断，造成 KM_3、KM_4 断电释放，电动机 M_2 停机。

工作台上移：工作台手柄扳至位置"上"，此时 SQ_{4-1} 闭合，接触器 KM_4 通电，控制电动机 M_2 反转，通过机械传动机构使工作台向上移动。

工作台下移：工作台手柄扳至位置"下"，此时 SQ_{3-1}、KM_3 正转，工作台下移。

工作台前移：工作台手柄扳至位置"前"，此时 SQ_{3-1} 闭合，接触器 KM_3 通电，电动机 M_2 正转，通过机械传动机构使控制工作台前移。

工作台后移：工作手柄扳至位置"后"，此时 SQ_{4-1}、KM_4 控制电动机 M_2 反转，工作台后移。

上下、前后工作台停止时，操纵手柄在中间位置，SQ_{3-1}、SQ_{4-1}分断，KM_3、KM_4断电，电动机处于停机状态。

（3）圆形工作台的转动

当需要加工圆弧或凸轮等工件时，可在铣床的工作台上临时装上圆形工作台。圆形工作台的运转由转换开关SA_2控制。

① 圆形工作台转动：将转换开关扳至位置"通"，此时，SA_{2-1}、SA_{2-3}分断，SA_{2-2}闭合，接触器KM_3通电，电动机正转，通过机械传动机构使圆形工作台转动（KM_3通电的电流流向：从回路标号10经13、14、15再经回路标号20、19、17、18至KM_3线圈）。

② 圆形工作台停转：转换开关SA_2扳至位置"断"，使SA_{2-2}分断，KM_3控制M_2停机，圆形工作台停转。SA_{2-1}、SA_{2-3}闭合，为工作台做6个方向的进给移动做准备。

圆形工作台通过SA_2与6个方向进给联锁。圆形工作台转动前应先调好6个方向进给位置，而圆形工作台转动时6个方向的进给是不能也无法调整的。

3．冷却泵电动机M_3的控制

M_1与M_3构成主电路控制的顺序启动电路，M_1启动后，M_3才能启动。M_3由组合开关SQ_2控制。

4．进给变速

（1）机械操作过程：进给操纵手柄置于中间位置→变速盘拉出→选择所需速度→推入变速盘完成变速操作。

（2）M_2的瞬时点动：变速盘推进→位置开关SQ_{2-2}分断，SQ_{2-1}闭合→接触器KM_3通电→电动机M_2启动；变速盘复位，离开位置开关SQ_2→SQ复位→KM_3断电释放→M_2停机→变速齿轮完成点动啮合。

5．工作台快速移动

工作台快速移动的操作过程如下：

由操纵手柄选择进给方向→按下快速移动按钮SB_3（或SB_4）→接触器KM_2通电→9区KM_2常闭触点分断→电磁离合器YC_2断电→齿轮与进给丝杠分离；同时9区KM_2常开触点闭合→电磁离合器YC_3通电→电动机M_2与进给丝杠直接搭接，16区KM_2常驻机构开触点闭合→接触器KM_3（或KM_4）通电→M_2正转（或反转）→工作台快速移动。

SB_3（SB_4）按钮是点动控制按钮，松开按钮，电动机M_2即停机。

6．电源

（1）照明电源电压为24V，由变压器T_1提供，转换开关SA_4控制通断。

（2）电磁离合器的直流电压为36V，由变压器T_2及桥式整流器VC提供。

（3）控制电路的电压为110V，由T_3提供。

 操作分析 X62W万能铣床电气控制线路的检修

1．实训目的

（1）熟悉X62W万能铣床的电气原理图。

（2）熟悉X62W万能铣床的电器元件及其作用与安装位置。

（3）掌握X62W万能铣床的电器控制电路常见故障的检修。

2．实训器材

（1）X62W 万能铣床元件表（如表 6.11 所示）。

表 6.11　　　　　　　　　　　　X62W 万能铣床元件明细表

代　号	名　称	型　号	规　格	数量	用　途
M1	主轴电动机	Y132M-4-B3	7.5kW、380V、1 450r/min	1	驱动主轴
M2	进给电动机	Y90L-4	1.5kW、380V、1 400r/min	1	驱动进给
M3	冷却泵电动机	JCB-22	125W、380V、2 790r/min	1	驱动冷却泵
QS1	开关	HZ10-60/3J	60A、380V	1	电源总开关
QS2	开关	HZ10-10/3J	10A、380V	1	冷却泵开关
SA1	开关	LS2-3A		1	换刀开关
SA2	开关	HZ10-10/3J	10A、380V	1	圆工作台开关
SA3	开关	HZ3-133	10A、500V	1	M1 换向开关
FU1	熔断器	RL1-60	60A、熔体 50A	3	电源短路保护
FU2	熔断器	RL1-15	15A、熔体 10A	3	进给短路保护
FU3、FU6	熔断器	RL1-15	15A、熔体 4A	2	整流、控制电路短路保护
FU4、FU5	熔断器	RL1-15	15A、熔体 2A	2	直流、照明电路短路保护
FR1	热继电器	JR0-40	整定电流 16A	1	M1 过载保护
FR2	热继电器	JR10-10	整定电流 0.43A	1	M3 过载保护
FR3	热继电器	JR10-10	整定电流 3.4A	1	M2 过载保护
T2	变压器	BK-100	380/36V	1	整流电源
TC	变压器	BK-150	380/110V	1	控制电路电源
T1	照明变压器	BK-50	50VA、380/24V	1	照明电源
VC	整流器	2CZ×4	5A、50V	1	整流用
KM1	接触器	CJ0-20	20A、线圈电压 110V	1	主轴启动
KM2	接触器	CJ0-10	10A、线圈电压 110V	1	快速进给
KM3	接触器	CJ0-10	10A、线圈电压 110V	1	M2 正转
KM4	接触器	CJ0-10	10A、线圈电压 110V	1	M2 反转
SB1、SB2	按钮	LA2	绿色	2	启动 M1
SB3、SB4	按钮	LA2	黑色	2	快速进给点动
SB5、SB6	按钮	LA2	红色	2	停止、制动
YC1	电磁离合器	B1DL-Ⅲ		1	主轴制动
YC2	电磁离合器	B1DL-Ⅱ		1	正常进给
YC3	电磁离合器	B1DL-Ⅱ		1	快速进给
SQ1	位置开关	LX3-11K	开启式	1	主轴冲动开关
SQ2	位置开关	LX3-11K	开启式	1	进给冲动开关
SQ3	位置开关	LX3-131	单轮自动复位	1	
SQ4	位置开关	LX3-131	单轮自动复位	1	M2 正、反转及联锁
SQ5	位置开关	LX3-11K	开启式	1	
SQ6	位置开关	LX3-11K	开启式	1	

（2）X62W 万能铣床或模拟铣床（4～8 人一组）。

（3）电工常用工具和仪表一套。

3．故障分析与维修

在老师的指导下完成表 6.12 所示的 X62W 万能铣床的常见故障维修。

表 6.12 　　　　　　　　　　X62W 万能铣床的常见故障与分析

故 障 现 象	原　因	故 障 点	检 查 方 法
主轴电动机 M₁ 不能启动	断路	转换开关 SA₃	正反转触点接触是否良好
		SB₅、SB₆	用验电笔检查是否断路
		SB₁、SB₂	用验电笔检查是否能闭合
冷却泵电动机 M₃ 不能启动（含有响声）	断路、缺相	FR₂、QS₂	用验电笔测试 QS₂ 能否闭合，FR₂、QS₂ 是否缺相
进给电动机 M₂ 不能启动	断路	SA₂₋₁、SQ₅₋₂、SQ₆₋₂ SA₂₋₃、SQ₃₋₁（或 SQ₄₋₁）	验电笔检查是否构成通路
		SQ₂₋₂、SQ₃₋₂、SQ₄₋₂、SQ₅₋₁（或 SQ₆₋₁）	同上
M₁、M₂、M₃ 全不能启动	主电路断路	电源	检查 FU₁ 是否熔断（查明原因后更换） 停电
	控制电路断电	变压器 TC 或 FU₆	检查 TC 是否断路 检查 FU₆ 是否断路（查明原因后更换）
圆形工作台不能启动	断路	SA₂₋₂ 及与其串联的原件	用验电笔检查回路标号 10～15 及 17～20 之间各元件是否断路
点动变速控制失灵	断路，挡块与位置开关不匹配	SQ₂ 及机械挡块	用验电笔检查 SQ₂₋₂ 是否分断，SQ₂₋₁ 是否闭合。如果是，调整挡块位置
工作台快速移动失灵	离合器电路断或 SB₃ 或 SB₄ 断路	SB₃ 或 SB₄； 10 区 KM₂ 常开触点 YC₃	用验电笔检查有关元件是否构成通路
照明灯亮,控制电路不能启动	控制电路断，可能有短路点	KM₁、KM₂、KM₃、KM₄ 线圈	用万用表测 KM₁、KM₂、KM₃、KM₄ 线圈电阻是否正常 用兆欧表串管导线是否漏电，查明原因，换熔丝

4. 注意事项（同任务四）

任务六　T68 卧式镗床电气控制电路

➤ 知识链接 1　T68 卧式镗床的结构与性能

如图 6.15 所示，T68 卧式镗床主要由床身、工作台、前台立柱、主轴箱、镗头架、镗轴等组成。

T68 卧式镗床的镗轴以平旋转的方式旋转运动，镗轴、平旋转盘以轴向进给，镗头架垂直进给，工作台横向与纵向进给。T68 卧式镗床是一种精密加工机床，通过以上的运动形式，它可以完成钻孔、镗孔的加工，还可以完成端面、内圆、外圆的切削。主轴电动机共有 18

挡不同的转速。

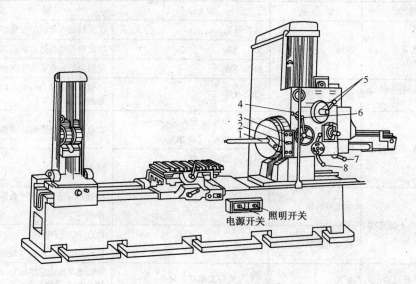

图 6.15　T68 卧式镗床结构示意图
1—主轴点动按钮　2—主轴停止按钮　3—主轴启动按钮　4—进给快速移动操作手柄
5—主轴、主轴箱及工作台进给变速操纵手柄　6—主轴、主轴箱手动精确移动
7—主轴箱夹紧手柄　8—主轴手动及机动进给换向手柄

型号 T68 的含义如下。

T：镗床，6：卧式，8：镗轴直径为 800mm。

➤ 知识链接 2　T68 卧式镗床电气控制电路分析

如图 6.16 所示，T68 卧式镗床电气电路主要由主轴电动机控制、进给电动机控制两大部分组成。其控制原理介绍如下。

（一）主轴电动机电气控制

主轴电动机 M_1 是一双速电动机，通过变速装置，可选择 18 挡不同的转速。

1. 主轴电动机 M_1 三角形正反转控制

选择低速运行，位置开关 SQ_3、SQ_4 常开触点闭合，按下 SB_2，8 区的 KA_1、12 区的 KM_3、17 区的 KM_1 线圈依次通电，电动机 M_1 三角形连接低速正转。

若按下 SB_3，电动机 M_1 则反转。正反转联锁由 KA_1、KA_2 常闭触点控制。

2. M_1 的点动控制

按下 SB_4（反转按 SB_5），接触器 KM_1（反转为 KM_2）、KM_4 依次通电，控制 M_1 串接电阻 R 进入三角形连接的低速点动控制状态。

3. M_1 的制动

M_1 正转运行时，速度继电器 KS_2 常开触点闭合（准备反接制动），KM_1、KM_3 接触器通电工作。制动时按下 SB_1（8 区、14 区），KA_1 中间继电器、KM_1、KM_3 接触断电，使 KM_2、KM_4 接触器通电，电动机 M_1 进入反接制动状态，当速度<120r/min 时，其常开触点重新分断，KM_2、KM_4 接触器断电，制动结束（详细原理见项目五的反接制动）。

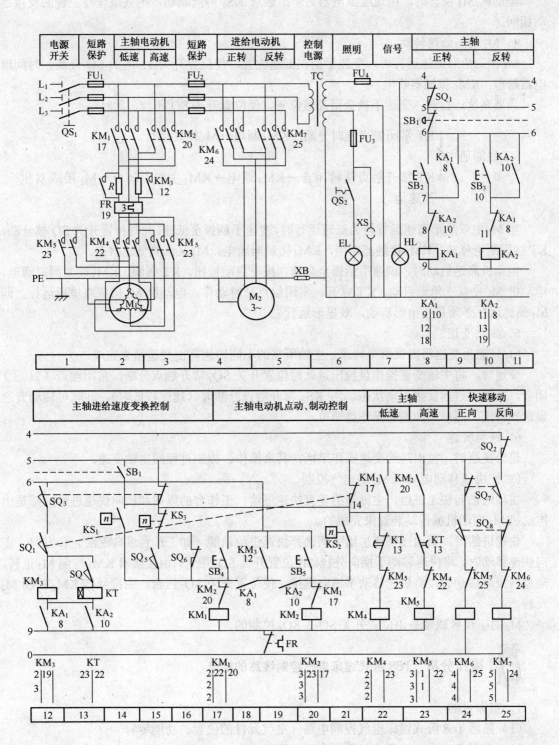

图 6.16 T68 卧式镗床电气控制电路

电动机 M_1 反转时，由速度继电器另一组触点 KS_1 协同制动，电气原理与正转的反接制动相同。

4．M_1 的高低速转换

M_1 作三角形低速运行时，变速手柄在低速位置，使位置开关 13 区的 SQ 分断，时间继电器断电，KM_5 接触器断电。

当要高速运行时，变速手柄扳至高速位置，使位置开关 SQ 闭合，此时

$$KT\ 线圈通电 \begin{cases} KT\ 常闭触点延时分断 \rightarrow KM_4\ 断电 \rightarrow M_1\ 惯性运行 \\ \\ KT\ 常开触点延时闭合 \rightarrow KM_5\ 通电 \rightarrow KM_5\ 主触点闭合 \rightarrow M_1\ 接成双星 \\ 高速运行 \end{cases}$$

当 M_1 由双星形高速运行转为低速运行时，变速手柄扳至低速，此时位置开关 SQ 被分断，KT 线圈断电释放，KM_5 接触器断电，KM_4 接触器通电，M_1 又回到低速状态。

电动机高速启动时，调速手柄扳至高速，按下启动按钮，KT 线圈、KM_3 线圈同时通电，电动机 M_1 先以三角形启动，KT 常开、常闭触点延时动作，电动机 M_1 接成双星形运行，即 M_1 高速运行必须是三角形启动，双星形运行。

5．主轴变速

M_1 只能为变速箱提供两个转速，主轴所需的不同转速需由变速箱来完成。

变速时，将主轴变速操作盘拉出，此时位置开关 SQ_4 常开触点分断，常闭触点（21 区）闭合，电动机进入反接制动状态。当 KS_2 常开触点分断时（速度较低时），此时可转动变速盘选择转速，然后推回变速操作盘即可。

6．进给变速

进给变速时，拉出进给变速操作手柄，其余操作、控制过程同主轴变速。

（二）快速移动电动机 M_2 的电气控制

主轴的轴向快速进给，主轴箱的垂直快速进给，工作台的纵向和横向快速进给，都是由电动机 M_2 拖动机械传动装置来完成的。

快速进给时，要通过快速进给手柄选择快速进给功能（如工作台纵向进给）和方向。正向快速移动时，将快速移动手柄向外拉，使位置开关 SQ_8 压合，由接触器 KM_7 控制 M_2 正转，需反向快速移动时，将快速移动手柄向里推，使位置开关 SQ_7 压合，由接触器 KM_6 控制 M_2 反转。

M_2 的正反转联锁是由位置开关 SQ_7、SQ_8 控制的。

 操作分析 T68 卧式镗床电气控制线路的检修

1．实训目的

（1）熟悉 T68 卧式镗床电气控制电路（电气元件的位置、功能等）。

（2）掌握 T68 卧式镗床电气控制电路的维修。

2．实训器材

（1）T68 卧式镗床电器元件，如表 6.13 所列。

表 6.13　　　　　　　　　　　　　　　T68 卧式镗床元件清单

代　号	名　　称	型　号	规　　格	数量	用　　途
M1	三相双速异步电动机	JDO2-52-4/2	5.2/7kW，380V 1 440/2 900r/min	1	主轴旋转及进给
M2	三相异步电动机	JO2-32-4	3kW，380V 6.47A，1 430r/min	1	进给快速移动
QS1	转换开关	HZ2-60/3	60A 3 相	1	电源总开关
FU1	熔断器	RL1-60	熔体 40A	3	电源短路保护
FU2	熔断器	RL1-15	熔体 15A	3	M2 短路保护
FU4	熔断器	RL1-15	熔体 2A	1	控制电路短路保护
FU3	熔断器	RL1-15	熔体 2A	1	照明电路短路保护
KM1	交流接触器	CJ0-40		1	主轴正转
KM2	交流接触器	CJ0-40		1	主轴反转
KM3	交流接触器	CJ0-20		1	主轴制动
KM4	交流接触器	CJ0-40	110V40A	1	主轴低速
KM5	交流接触器	CJ0-40	110V40A	2	主轴高速
KM6	交流接触器	CJ0-40	110V40A	1	M2 正转快速
KM7	交流接触器	CJ0-20	110V20A	1	M2 反转快速
FR	热断电器	JB0-40	14.5V	1	M1 过载保护
KA1	中间继电器	JZ7-44	110V5A	1	接通主轴正转
KA2	中间继电器	JZ7-44	110V5A	1	接通主轴反转
KT	时间继电器	JS7-2	110V	1	主轴高速延时
KS	速度继电器	JY-1		1	主轴反接制动
R	电阻	ZB1-09	0.9Ω	1	主轴电动机反接制动
TC	变压器	BK-300	300VA，380/110 36、6.3V	1	控制和照明两用
EL	照明灯具	JC6-2		1	低压照明
HL	信号指示灯	DK-1-10	6.3V，2W、绿色灯罩	1	电源接通指示
SB1	按钮	LA2		1	主轴停止
SB2	按钮	LA2	500V5A	1	主轴正转启动
SB3	按钮	LA2		1	主轴反转启动
SB4	按钮	LA2	500V5A	1	主轴正转点动
SB5	按钮	LA2		1	主轴反转点动
SQ	限位开关	LX5-11		1	接通高速
SQ1	限位开关	LX1-11J		1	主轴进刀与工作台移动联锁
SQ2	限位开关	LX3-11K		1	主轴进刀与工作台移动联锁
SQ3	限位开关	LX1-11K		1	进给速度变换
SQ4	限位开关	LX1-11K	500V6A	1	主轴速度变换
SQ5	限位开关	LX1-11K		1	进给速度变换
SQ6	限位开关	LX1-11K		1	主轴速度变换
SQ7	限位开关	LX3-11K		1	快速移动正转
SQ8	限位开关	LX3-11K		1	快速移动反转
XS	插座			1	工作照明

（2）电工常用工具。

（3）T68 卧式镗床或 T68 卧式镗床模拟控制电路（4～8 人一组）。

3．故障维修

在老师的指导下完成表 6.14 所示的 T68 卧式镗床的常见故障与维修。

表 6.14   T68 卧式镗床的常见故障与分析

故 障 现 象	原 因	故 障 点	检 查 方 法
主轴电动机有低速无高速	高速控制电路断路	KT 时间继电器、SB$_1$ 常开、KM$_4$ 常闭等	检查 SQ 是否闭合，KT 线圈是否通电，KT 常开触点是否闭合，KM$_4$ 常闭触点是否闭合
主轴电动机低速不能启动	KA$_1$ 或 KM$_1$、KM$_3$ 线圈不通电，存在断路	FU$_4$ 或回路标号 4~9 之间或位置开关 SQ$_3$、SQ$_4$ 没能压合	若灯亮，则 FU$_4$ 没断，用验电笔检查标号 4~9 之间有否断路，若无，检查 17 区 KM$_1$ 支路有否断路
M$_1$ 不能反接制动	反接制动电路不能接通	20、21 区的 KS$_2$、KM$_1$ 及 KM$_2$ 线圈	反接制动时，用验电笔检查左边所列元件是否构成通路

任务七 车间综合电气故障维修

➤ 知识链接 配电装置简介

一般的企业用电，都要有配电装置，根据用电量的多少，可设配电房、配电柜、配电板。小型企业只要有一个总配电板就可以了。车间用电一般都装有总配电板，而维修电工的主要维修任务是对配电板以内的电气进行维修。

电力分配常用系统图来表示，电力系统图仅反映电能的输送与分配，而不反映电力的控制与监控方式（如仪表控制设备的作用等）。

如图 6.17 所示，总配电系统图由隔离开关、总开关、总熔断器及分路配电装置组成。在综合维修或检修较大电气故障时，应由总开关或隔离开关分断总电源，然后再去维修。

如图 6.18 所示，是车间配电板的系统图，它用于控制车间的用电。

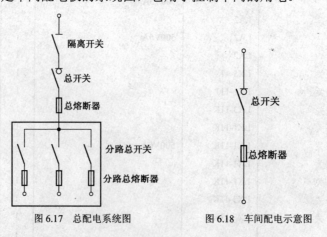

图 6.17 总配电系统图   图 6.18 车间配电示意图

操作分析 综合电气故障维修

1. 实训目的

（1）熟悉（观摩）车间或工厂供电装置。

（2）学习、管理车间（实习工厂）用电。

（3）学习综合电气故障的维修。

2．实训器材

（1）车间电气安装图。

（2）车间照明电路，车床、磨床、钻床、铣床、镗床等机床若干台。

（3）电工常用工具、常用仪表一套。

3．实训步骤

（1）阅读车间电气安装图，了解用电线路布置、安装情况。

（2）阅读各机床电气原理图、安装图，熟悉各电气元件的安装位置。

（3）在老师的指导下完成维修工作。

4．维修案例分析

【例1】 车间照明电路全部不亮。

1．照明电路熔断器熔断

（1）换上新熔丝后能正常使用。熔断原因很可能是熔丝有压痕，使额定电流减小。

（2）换上新熔丝后，用一段时间后又熔断。可能原因是增加了新的负载，熔丝因过载而熔断；还可能是夏季温度高，常时间满荷运行，使熔丝熔断。

维修方法：扩容，如有必要，应更换额定电流大一规格的照明配线。

2．照明电路断路

（1）火线断路。查找断路点，从照明总开关到照明电路的第一个用电器。

（2）换上新熔丝后，合上开关熔丝立即又熔断。原因是电路中出现了短路。查找短路点。

分断所有负载开关，用万用表测火线、零线间的电阻，若电阻为无穷大，说明某一负载出现短路，逐一合上负载的电源，出现电阻为零时，说明这一负载出现了短路。出现短路的因素主要有：自整流节能灯内部短路；灯座内火线、零线搭线；电风扇电动机被击穿等。

分断所有负载后，火、零线之间的电阻为 0Ω，说明火、零线间出现了短路。出现短路的主要因素有：插座内导线与接线柱松脱，使火、零线搭线；照明配线的起点或终点或某一负载与照明干线处出现了短路（这些现象很少发生）。分断负载后，测得火线与接地线之间的电阻无穷大。说明某一处火线的绝缘层损坏，同时被"接地"。引起此种故障的原因可能是三眼插座内的火、零线搭线；经常移动摩擦部位的绝缘层损坏，同时被接地。

【例2】 火、零线出现了断路故障。

（1）用验电笔测零线，氖泡发光。该现象说明零线断线（不可能碰到火线，若碰，熔丝必然熔断），查出断路点，排除故障即可（这种故障应重点查找导线接头处和导线可能移动、摩擦处）。

（2）用验电笔测火线，氖泡不发光。该现象说明火线断路，排查故障方法同上。

【例3】 三相总电源总熔丝突然熔断。

（1）询问所有机床操作工，机床电路有没有故障，若没有故障，可能原因是：

1）夏季炎热，所有负载包括大功率空调等电器都在运行，因过载而使熔丝熔断。处理办法：扩容或减少负载。

2）可能是进入机床电源开关的进线（重点查可能会移动、摩擦的部位）的绝缘层损坏；造成短路使熔丝熔断。处理方法：查找短路处，更换导线或恢复绝缘层。

（2）询问所有机床操作工，自己的机床电源的熔丝是否烧断，有否电器灼伤的焦糊味。

【案例1】 X62W 型万能铣床的操作工反映，听到该机床熔断器熔丝熔断的声音，见有熔丝熔断的电火花，同时有焦糊味。

检查发现，FU_1 两相熔断。故障原因很可能就是 KM_2、KM_1 或 KM_4、KM_3 熔焊或机械卡死，主触点不能分断，造成电源短路。若不是以上故障，则可能是电动机两相绕组击穿造成电源短路。

【案例2】 Z35 型摇臂钻床操作工反映，摇臂上有焦糊味，并听到熔丝熔断声。

检查后发现两相熔丝熔断。故障原因可能是穿管或者是可以移动的两个相线绝缘层损坏，造成电源短路，也可能是电动机 M_2、M_3、M_4 中一台电动机两相绕组击穿造成电源短路。

5. 在老师的指导下，在实习车间检修综合电气故障（如引起总熔丝熔断，某台机床熔丝熔断的故障等）。

6. 注意事项

（1）在车间检修电气故障一定要在教师的指导下进行。

（2）检修完后，机床试运行时由老师操作，学生观摩。

（3）学生实习之前，一定要熟悉车间的电气制图，以便检修。

（4）实习过程中既要防止触电事故，又要防止机械事故。

思考与练习

1. 试分析 CA6140 型车床电气控制电路合上 QF 后就立即跳闸或 FU 立即熔断的原因。

2. 若一小型车床的主轴电动机的功率为 5.5kW，冷却泵电动机的功率为 125W，控制电路采用 220V 交流供电，试选择交流接触器、热继电器启、停按钮及电源总开关。

3. 试分析 M7120 型平面磨床的电磁吸盘充磁正常，但不能反向去磁故障的原因。

4. 试分析 M7120 型平面磨床的砂轮下降后不能上升的原因。

5. Z35 型摇臂钻床的摇臂升降后不能夹紧的故障可能原因有哪些？

6. 简要说明 Z35 型摇臂钻床主轴电动机、摇臂升降与立柱夹紧的操作过程。

7. 试分析 X62W 万能铣床的主轴停车时仅能惯性停止运行，不能制动的原因。

8. 试分析 X62W 万能铣床各个方向都不能进给的故障原因。

9. 试分析 T68 卧式镗床只有低速而无高速的故障原因。

10. 在某一机加工车间，合上电源后即跳闸，试分析排查故障。提示：（1）询问各机床操作工，是否发生用电故障；（2）分断所有负载，测试短路故障点。

11. 某车间动力电正常，照明电源正常，但所有照明灯不亮，试分析排查故障。

PLC 可编程控制器简介

本项目主要介绍 PLC 可编程控制器的初步知识，包括 PLC 的组成、常用指令、梯形图的编写、电动机常用控制电路的编程控制。

知识目标
● 了解 PLC 的组成，掌握 PLC 的基本指令，能利用梯形图编写程序。
● 了解和熟悉 STEP7 编程软件的使用方法，熟悉 S7-200PLC 的基本指令。

技能目标
● 掌握电动机控制电路中自锁、互锁、定时等常用电路的编程。
● 能利用基本指令编写电动机正/反转和 Y/△ 型启动控制和程序，熟悉设计和调试程序的方法。

任务一 认识 PLC

PLC 是 Programmable Logic Controllers 的缩写，是一种可编程的数字运算操作系统。PLC 是计算机家族的一员，它主要用于工业和民用自动控制。PLC 用扫描方式监控输入变量，根据已经设定的程序和输入变量控制输出，如图 7.1 所示。

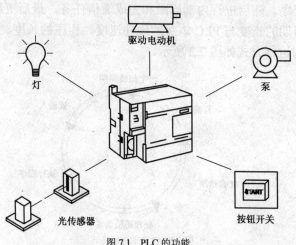

图 7.1 PLC 的功能

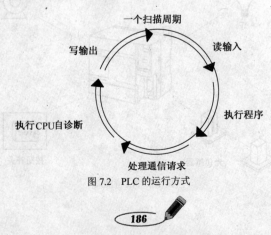

基础知识

> ➤ **知识链接 1　PLC 的基本组成**

PLC 包括输入模块或输入点、中心处理单元 CPU 和输出模块或输出点，输入点从各种现场设备（传感器）接受数字信号或模拟信号，并把它们转变成可以被 CPU 处理的逻辑信号。CPU 运行指令，输出模块负责将控制指令转换成可以被现场设备（执行器）接受的数字或模拟信号。此单元还包含存储器，在 PLC 中有两种存储器，一种是只读存储器（ROM），用来存储系统程序，PLC 掉电后再加电，系统程序不变并重新执行；另一种是随机存取存储器（RAM），存放用户程序和系统参数，以及 CPU 运算的中间结果。

编程设备用于输入 PLC 程序。用计算机编程，输入方便快速。

PLC 之前的控制系统是用继电器和接触器来完成的，称为硬连接控制电路。用继电器和接触器实现控制功能，要设计合适的控制电路，并且进行正确的连线。如果要更改和扩充控制功能，就必须对整个电路进行重新设计安装，系统的侦错和检修也很困难。

而在 PLC 控制系统中，控制元件之间的连接用程序来完成了，所需要的连接只是输入与传感器之间的连接和输出点与现场器件之间的连接，大大简化了硬件连接的工作。要更改和控制功能，只需改动控制程序就可以了。PLC 具有以下优点：

（1）与硬连接控制电路相比，体积更小；

（2）更改控制功能容易、快速；

（3）PLC 具有集成诊断和功能重载功能；

（4）工作稳定可靠，便于维护；

（5）便于网络化控制和管理；

（6）PLC 技术的不断发展，使得其功能不断增加。

> ➤ **知识链接 2　PLC 的运行方式**

普通的计算机以中断方式运行，而 PLC 是以扫描的方式运行的。CPU 首先读取输入状态，然后运行应用程序，随后进行内部诊断和完成通信任务，最后更新输出，开始下一个扫描周期。一个扫描周期的长度与 PLC 本身的硬件速度、程序的长度、I/O 点数和要完成的通信数量有关。PLC 的运行方式如图 7.2 所示。

图 7.2　PLC 的运行方式

> ➤ 知识链接 3 西门子 S7-200 可编程控制器

1．S7-200 的系统组成

S7-200 系列可编程控制器是西门子公司最近几年才投入市场的小型 PLC 系列，西门子将它们定义成微型 PLC（Micro PLC）。像其他品牌的小型 PLC 一样，S7-200 系列的 PLC 采用整体式结构，除 S7-221 外，其他型号都可以连接扩展模块，有的还可以连接特殊功能的扩展模块。由于它具有紧凑的结构、良好的扩展性以及强大的指令功能，使得 S7-200 可以很好地满足小规模的控制要求，此外丰富的 CPU 类型和电压等级使其具有很强的通用性。

如图 7.3 所示，一台 S7-200 系列 PLC 包括一个单独的 S7-200 CPU 和各种可选的 EM 系列扩展模块，下面分别介绍各部分的作用。

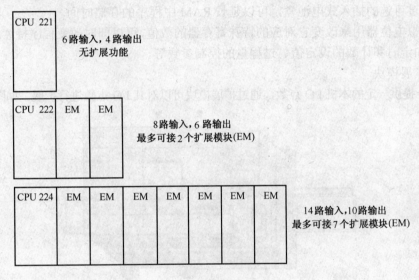

图 7.3 S7-200 的组成

（1）CPU 模块

CPU 模块又称基本单元，包括一个中央处理单元（CPU）、电源以及数字量 I/O 点。CPU 负责程序的执行和存储数据，输入输出是系统的控制点，输入部分从现场设备采集信号，输出部分通过执行机构控制现场设备。基本单元组成了一个小型的控制系统。其结构及组成如图 7.4 所示。

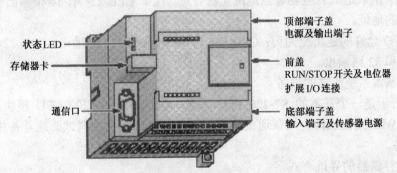

图 7.4 S7-200 CPU 的结构

① 输出信号类型：4 种 CPU 各有 8 个继电器输出和晶体管输出。晶体管输出的电源电

压是 24V DC，可以用本机提供的 24V 直流电源，输出最大电流是 0.75A；继电器输出的电源是 85～230V AC，输出电流是 2A。

② 集成的 24V DC 电源，可以直接连接到传感器和执行机构。使用时请注意此 24V DC 电源的带负载能力。

③ 通信口允许将 S7-200 CPU 与编程器或其他设备进行网络连接。

④ 状态灯显示 PLC 的工作状态（运行或停止）、本机 I/O 的状态（通断），以及检查出来的系统错误。

⑤ 通过扩展连接口可以对系统的输入输出点数进行扩展，或者连接其他专用模块。通过扩展模块也可以提供其通信功能。

⑥ 存储器卡（EEPROM）可以存储程序，也可以将程序从一个 PLC 转到另一个 PLC。

⑦ 通过可选的插入式电池盒，可以延长 RAM 中程序的存储时间。

⑧ 模拟电位器用来改变它对应的特殊寄存器的数值，可以即时改变程序持续运行中的一些参数，如定时和计数的设定值、过程量的控制参数等。

（2）扩展模块

S7-200 提供一定的本机 I/O 点数，通过扩展模块可以对其 I/O 点数进行扩展，如图 7.5 所示。

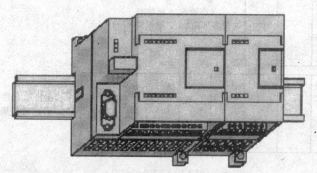

图 7.5　带扩展模块的 CPU 模块

CPU 221 不可扩展；CPU 222 最多可加两个扩展模块；CPU 224 和 CPU 226 最多可加 7 个扩展模块，7 个模块中最多有 2 个智能扩展模块（EM277 PROFIBUS-DP 模块）。

每个 CPU 允许的数字量 I/O 的逻辑空间是 128 路输入和 128 路输出。由于该逻辑空间按 8 点模块分配，所以造成有些物理点地址无法寻址，比如 CPU 224 有 10 个输出点，但是它占用了 16 个点的地址。

模拟量 I/O 允许的逻辑空间为：CPU 222 为 16 路输入，16 路输出；CPU 224 和 CPU 226 为 32 路输入和 32 路输出。

2．构成基本系统所需的设备

图 7.6 所示是一个基本的 S7-200 PLC 系统，包括一个 S7-200 CPU 模块，一台 PC，STEP7-MicroWin 编程软件，一条通信电缆。另外，要进行程序调试必须具备相应的负载设备和输入设备。

3．CPU 存储器的寻址方式

（1）直接寻址

S7-200 将信息存放于不同的存储单元，每个单元都有惟一的地址，我们可以明确地指出要存取的存储器的地址，以存取信息。若要存取存储区域的某一位，需要指明存储器标识符、字节地址和位号，如图7.7所示。

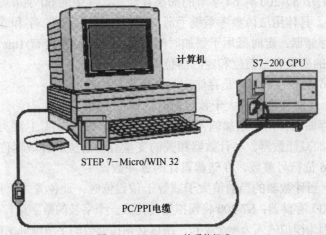

图7.6　S7-200 PLC 的系统组成

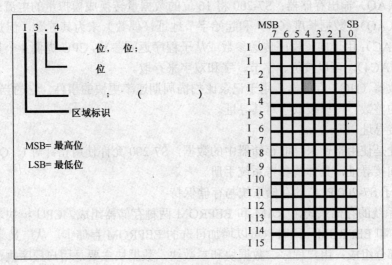

图7.7　存储器位的直接寻址

（2）存储器存储区域介绍

输入映像存储器（I）：在每次扫描周期的开始，CPU对输入点进行采样，并将采样数据存于输入映像寄存器中。可以按位、字节、字和双字来存取输入映像寄存器的数据。

输出映像寄存器（Q）：在扫描周期的结尾，CPU将输出映像寄存器的数据复制到物理输出点上。可以按位、字节、字和双字寻址来存取输出映像寄存器。

变量（V）存储器：程序执行过程中控制逻辑操作的中间结果保存在变量存储器中，也可以保存与工序和任务相关的数据。可以按位、字节、字和双字对变量存储器寻址。

位存储器（M）：用于存储控制继电器中间操作状态或它的控制信息，也可以按字节、字和双字寻址。

顺序控制继电器存储器（S）：用于组织机器操作或进入等效字段的步，可以按位、字节、字和双字来存取S中的数据。

特殊存储器（SM）：用于控制S7-200的一些特殊功能，比如：第一次扫描的"ON"位；以固定的速度触发位；数学运算或操作指令状态位，可以按位、字节、字和双字存取。

局部存储器（L）：S7-200有64字节的局部存储器，其中的60字节可以用于暂存器或者给子程序传递数据。具体用法请参考系统手册，可以按位、字节、字和双字存取。

定时器（T）存储器：定时器用于累加时间增量，其定时精度有1ms、10ms和200ms 3种。与定时器相关的变量有当前位和定时器位。

① 当前位：16位符号整数，是存储定时器所累加的时间。

② 定时器位：定时器当前值大于预设值时，该位置为"1"。

计数器（C）存储器：用于累加输入脉冲上升沿的个数，提供3种类型的计数器：增计数器、减计数器和加减计数器。与计数器相关的变量有当前位和计数器位。

① 当前位：16位符号整数，存储器累计的脉冲数。

② 计数器位：当计数器的当前值大于或等于预设值时，此位置为"1"。

模拟量输入（AI）存储器：S7-200将模拟量转化成一个字长的数字量，存于AI中，AI中的数据为只读数据。因为模拟输入为一个字长，所以必须按偶数的字节地址来读取AI中的数据。

模拟量（AQ）输出存储器：S7-200将16位的数据量转换成模拟量的电流或电压，可以用地址标识（AQ）、数据长度（W）和起始字节地址（偶数）来为其置数，但是不可读。

累加器（AC）：用于向子程序传递参数或从子程序返回参数，CPU提供4个累加器（AC1、AC2、AC3、AC4），可以按位、字节、字和双字来存取。

高速计数器（HC）存储器：用于记录比扫描周期速率更快的事件。它的当前值是32位的带符号位的整数，可以按双字对其寻址。

（3）间接寻址

间接寻址是使用指针来存取存储器中的数据，S7-200允许使用指针对I、Q、V、M、S、T和C进行间接寻址，具体请参考系统手册。

4．西门子S7-200 PLC的存储系统与存储保持

S7-200系统的存储系统由RAM和EEPROM两种存储器组成。CPU模块本身配置一定容量的RAM和EEPROM，同时也可以增加可选的EEPROM存储卡。从广义上来看S7-200的程序由3部分组成：用户程序、数据块和参数块。数据块主要是用户程序执行过程中用到和生成的数据，参数块指CPU的组态数据。

当用户将编制好的程序通过通信设备下载到PLC中时，这些程序存放在主机的RAM中。为了永久保存，主机会主动将用户程序、CPU组态和用户选择的数据块内容装入EEPROM中永久保存。而运行程序的中间数据等仍保存在RAM中，超级电容可以延长数据在RAM中的保存时间，S7-221和S7-222可以达到50小时，S7-224可以达到72小时。CPU提供可选的电池卡，可以延长RAM的保持时间，只有当超级电容的电量耗完后电池才提供电流。

为了在掉电时系统运行的参数不致丢失，可以在设置CPU参数时定义可选的保存范围，用户可定义的存储保持存储区有：变量存储器区V、通用辅助继电器区M、计数器C和定时器T（只有TONR）。

下载和上载的用户程序包括用户程序、数据块和CPU组态。下载和上载时数据块和CPU组态数据（参数块）可选。程序的下载过程如图7.8所示。下载程序存放于CPU的RAM中，同时，CPU自动将程序、数据块的一部分（DB1）和组态复制到EEPROM中。

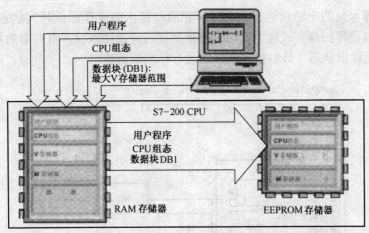

图 7.8　下载程序的过程

当 CPU 上载一个程序时，如图 7.9 所示，用户及 CPU 配置从 CPU 中传送到计算机中。当上传数据块时，存放于 EEPROM 中的永久数据块将与存放于 RAM 中剩下的数据块合并，然后将完整的数据块传送到计算机。

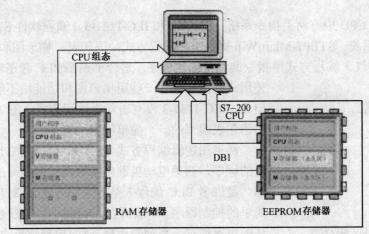

图 7.9　上载程序

任务二　PLC 的基本指令与应用

➢ 知识链接 1　PLC 基本指令的分类

S7-200 CPU 运行程序时先读入输入状态，然后利用这些输入状态执行控制程序，刷新有关数据，最后把数据写到输出寄存器，即所谓的刷新输出。图 7.10 所示是一个简单程序的例子，一个控制排水泵的电磁阀连接到 PLC，把启动排水的操作面板开关状态加到 PLC 的输入。PLC 程序以循环扫描方式运行，每个扫描周期的开始读入输入寄存器的状态，然后执行控制逻辑，决定输出状态，最后根据程序的运行结果刷新输出。

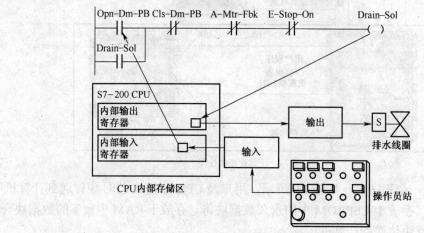

图 7.10　与输入输出有关的程序

在 S7-200 CPU 中有两类指令系统：Simatic 和 IEC-1131-3。编程软件 STEP7 MicroWin 兼容两种指令系统。STEP7-MicroWin 提供 3 种编程方式：语句表、梯形图和功能块。

语句表（STL）编程方式用指令助记符创建程序，适合于熟悉 PLC 和逻辑编程的程序员使用，它能够编写一些用梯形图和功能块不能编写的程序。但是，IEC-1131-3 没有语句表编程方式，图 7.11 所示是一个用语句表编写的一个简单程序的例子。

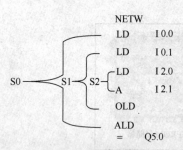

图 7.11　语句表编程实例

梯形图逻辑编程方式（LAD）可以建立与电器接线图等价的程序，熟悉电动机继电接触器控制线路的人员很容易理解，是许多 PLC 编程人员首选的方法。图 7.12 所示是一个简单的控制程序。一般而言，梯形图让 CPU 仿真来自左侧母线的电流通过一系列的逻辑条件，根据结果决定输出的结果。如果电流到达输出，就相当于输出继电器线圈通电，与其对应的输出寄存器就被置位。因此，在这里继电器和寄存器是同一种含义。

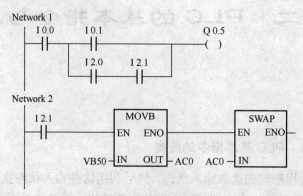

图 7.12　一个梯形图程序实例

在STEP7-MicroWin中，梯形图程序被分成容易理解的"段"，称为Network。一个段中程序从左向右执行，程序从第一个段开始执行，直到最后一个段结束，然后又回到第一个段，如此循环。图形符号表示的指令有3种形式：触点、线圈和盒。

触点：代表逻辑"输入"条件，例如，与开关、按钮对应的输入点，内部条件等。触点分为常开触点和常闭触点，当相应的寄存器为1时，常开触点闭合，常闭触点断开。

线圈：通常代表"输出"结果，例如与输出设备对应的输出点、中间继电器、内部输出条件等。

盒：代表附加指令，例如定时器，计数器等。

功能块（FBD）类似于普通的数字逻辑的逻辑符号，它没有梯形图中的触点和线圈，但是与梯形图逻辑是等价的。程序的逻辑关系由功能块之间的连接决定。用功能块表示控制逻辑，可以解决范围更广泛的问题。图7.13所示是用功能块编写的一个简单的控制逻辑。

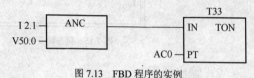

图7.13　FBD程序的实例

用功能块编写程序有利于程序流的跟踪，用STL可以显示所有的SIMATIC FBD编写的程序。

➤ 知识链接2　S7-200指令介绍

（一）SIMATIC位逻辑指令

1. 输入触点

（1）标准触点

当常开（NO，Normal Open）触点对应的存储器地址位（bit）为1时，表示该触点闭合。当常闭（NC，Normal Close）触点对应的存储器地址位（bit）为0时，表示该触点闭合。

在语句表（STL）中，常开触点由LD（装载）、A（与）及O（或）指令描述，LD将位（bit）值装入栈顶，A、O分别将位（bit）值和栈顶值与、或，运算结果仍存入栈顶。在语句表中，常闭触点由LDN（非装载）、AN（非与）和ON（非或）指令描述，LDN将位（bit）值取反后再装入栈顶，AN、ON先将位（bit）值取反，再分别和栈顶值与、或，其运算结果仍存入栈顶。

（2）立即触点

当立即指令执行时，读取物理输入的值，当时不更新映像寄存器。当常开立即触点的物理输入点位（bit）值为1时，表示该触点闭合。当常闭立即触点的物理输入点的位值为0时，表示该触点闭合。

在梯形图中，常开和常闭指令用触点表示。在功能块图中，常开立即指令用操作数前加

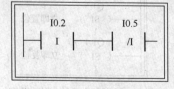

图7.14　立即触点

立即标示符表示。在功能块图中，常闭立即指令也用操作数前加立即标示符和取负圆圈表示。图7.14所示的就是常开和常闭立即触点。I0.2为常开立即触点，I0.5为常闭立即触点。

（3）状态跳变触点

正跳变触点在检测到每一次正跳变（从Off到On）之后让能流接通一个扫描周期。负跳变触点在检测到每一次负跳变（从On到Off）后让能流接通一个扫描周期。能流指电信号从左母线流到右母线的能量传递过程。

在梯形图中正负跳变用触点表示。在功能块图中正负跳变用P和N指令盒表示。

在语句表中正跳变触点由 EU 指令来描述，一旦发现栈顶的值出现正跳变（由 0 到 1），该栈顶值被置为 1，否则置 0。在语句表中，负跳变触点由 ED 指令来描述，一旦发现栈顶的值出现负跳变（由 1 到 0），该栈顶值被置 1，否则置 0。图 7.15 所示的就是跳变触点。

（4）状态取反触点

取反触点改变能流的状态。能流到达取反触点时，就停止；能流未到达取反触点，就通过。在梯形图中，取反指令用触点表示。在功能块图中，取反指令用带有非号的输入表示。在语句表中，取反指令改变栈顶值，由 0 变到 1，或者由 1 变到 0。图 7.16 所示的是取反指令。

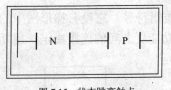

图 7.15　状态跳变触点

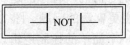

图 7.16　状态取反触点

2．输出线圈

（1）标准输出线圈

当执行输出指令时，映像寄存器中的指定参数位（bit）被接通。

在梯形图和功能块图中，当执行输出指令时，指定的位设为等于能流。

在语句表中，输出指令把栈顶值复制到指定参数位（bit）。

（2）立即输出线圈

当执行立即输出指令时，该物理输出点（bit～OUT）被设为等于能流。指令中的"I"表示立即之意。当执行指令时，新值被同时写到物理输出点和相应的映像寄存器。这就不同于标准输出，标准输出只是把新值写到映像寄存器。

在语句表中，立即输出指令把栈顶值复制到指定物理输出点（bit）。

（3）置位线圈和复位线圈

执行置位（置 1）、复位（置 0）指令时，从 bit 或 OUT 指定的地址参数开始的 N 个点都被置位或复位。复位、置位的点数 N 可为 1～255。当用复位指令时，如果 bit 或 OUT 指定的是 T 位或 C 位，那么定时器或计数器被复位，同时定时器或计数器当前值将被清零。

（4）立即置位和立即复位线圈

当执行立即置位或复位指令时，从 bit 或 OUT 开始的 N 个物理输出点将被立即置位或复位。

置位、复位的点数 N 可以是 1～128。指令中的"I"表示立即之意。执行该指令时，新值被同时写到物理输出点和相应的映像寄存器。这是与标准指令的区别，标准指令只把新值写到映像寄存器。

图 7.17 所示为标准输出指令、首位指令和复位指令、立即置位和立即复位指令。

（二）比较指令

比较指令分为以下几种：

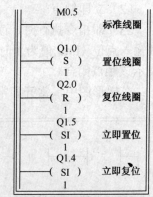

图 7.17　标准输出指令、首位指令和复位指令、立即置位和立即复位指令

（1）整数比较指令；

（2）双整数比较指令；

（3）实数比较指令。

（三）定时器指令

当使能输入接通时，接通延时定时器和有记忆接通延时定时器开始计时，当定时器的当前值（TXXX）大于等于预设值时，该定时器位被置位。

当使能输入断开时，清除接通延时定时器的当前值，而对于有记忆接通延时定时器，其当前值保持不变。可以用有记忆接通延时定时器累计输入信号的接通时间，利用复位指令清除其当前值。当达到预设时间后，接通延时定时器和有记忆接通延时定时器继续计时，一直计时到最大值 32 767。

断开延时定时器 TOE 用来在输入断开后，延时一段时间再断开输出。当使能输入接通时，定时器将立即接通，并把当前值设为 0。当输入断开时，定时器开始定时，直到达到预设的时间。当达到预设的时间时，定时器位断开，并且停止计时当前值。当输入断开的时间短于预设时间时，定时器位保持接通。TOE 指令必须用输入信号的接通到断开的跳变启动计时。

S7-200 系列 PLC 定时器有 3 种：TON、TONR、TOF。

TON 是接通延时定时器，它用来作单一间隔的定时。

TONR 也是接通延时定时器，其与 TON 不同之处是，TONR 是有记忆的，可以累计多次的时间间隔计时。

TOF 是断开延时定时器，用来作为系统出现故障后的时间延时。其取值如表 7.1 所示。

表 7.1　　　　　　　　　　　　　定时器表

定时器输入/输出	操 作 数	数 据 类 型
Txx	常数（0～255）	
IN	I、Q、M、SM、C、T、V、L	BOOL
PT（定时值）	VW、IW、MW、QW、SW、SMW、LW、AIW、TC、AC、常数、*VD、*AC、*LD	INT

TON、TONR 和 TOF 定时器有 3 种分辨率，这些分辨率对应的定时器如表 7.2 所示。

表 7.2　　　　　　　　　　　　　定时器类型

定时器类型	毫秒（ms）分辨率	定时器最大计时值	定 时 器
TONR	1ms	32.767s	T0，T64
	10ms	327.67s	T1～T4，T65～T68
	100ms	3276.7s	T5～T31，T69～T95
TON/TOF	1ms	32.767s	T32，T96
	10ms	327.67s	T33～T36，T97～T100
	100ms	3276.7s	T37～T63，T101～T255

（四）计数器指令

增计数器指令（CTU）：计数器在每一个 CU 输入的上升沿（从 OFF 到 ON）递增计数，直至计数最大值。如果当前计数值（Cxxx）大于或等于预置计数值（PV）时，该计数器位被置位。当复位输入（R）置位时，计数器被复位。

增、减计数器指令（CTUD）：计数器在每个 CU 输入的上升沿递增计数；在每一个 CD 输入的上升沿递减计数。如果当前值（Cxxx）大于或等于预置计数值（PV）时，该计数器被置位。当复位输入（R）置位时，计数器被复位。

减、增计数器指令（CTD）：计数器在每个 CD 输入的上升沿（从 OFF 到 ON）从预设值开始递减计数。如果当前计数值（Cxxx）等于 0 时，该计数器被置位。当复位输入（R）置位时，计数器把预设值（PV）装入当前值（Cv）。当计数值达到 0 时，停止计数。

计数器范围：Cxx=CO～C255。

计数器各个参数如表 7.3 所示。

表 7.3 计数器表

计数器输入/输出	操 作 数	数 据 类 型
Cxx	常数（0～255）	
IN	I、Q、M、SM、C、T、V、L	BOOL
PV（计数值）	VW、IW、MW、QW、SW、SMW、LW、AIW、TC、AC、常数、*VD、*AC、*LD	INT

增计数器指令（CTU）在每一个 CU 输入的上升沿（从 OFF 到 ON），从当前计数值开始递增计数。当复位输入（R）置位或者执行复位指令时计数器复位。计数器在达到最大计数值（32 767）时停止计数。

增、减计数器指令（CTUD）在每个 CU 输入的上升沿，从当前计数值开始递增计数，在每个 CD 输入的上升沿递减计数。当复位输入（R）置位或执行复位指令时，计数器复位达到计数器最大值 32 767 后，下一个 CU 输入上升沿将使计数值变为最小值（-32 768）。同样在达到最小计数值（-32 768）后下一个 CD 输入上升沿将使计数值变为最大值（32 767）。

递增/减计数器的当前值记录当前的计数值。该种计数器的预置值在计数器指令执行期间用来与当前值作比较，如果当前值大于等于预置值时，该计数器位被置位（ON），否则计数器位被复位（OFF）。

当减计数器输入端有上升沿时，减计数器每次从计数器的当前值减计数。当装载输入端接通时，计数器复位并把预设值装入当前值。当计数器达到 0 时计数器位接通。当用复位指令复位计数器时，计数器可被复位并且当前值被清零。

（五）时钟指令

时钟指令的功能如图 7.18 所示。

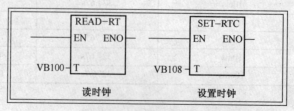

图 7.18 时钟指令的读和写指令

读实时时钟指令：读当前时间和日期并把它装入一个 8 字节的缓冲区（起始地址是 T）。

设置实时时钟指令：写当前时间和日期并把 8 字节缓冲区（起始地址是 T）装入时钟。

（六）SIMATIC 整数数学运算指令

1．整数加法和整数减法

整数的加法和减法指令把两个 16 位整数相加或相减产生一个 16 位结果（OUT）。

2．双整数加法和整数减法

双整数的加法和减法指令把两个 32 位双整数相加或相减产生一个 32 位结果（OUT）。

整数的加法和减法指令如图 7.19 所示

3．整数乘法和整数除法

整数乘法把两个 16 位整数相乘产生一个 16 位乘积。整数除法指令把两个 16 位整数相除产生一个 16 位商整数。留余数，如果结果大于一个字就首位溢出。

4．双整数乘法和整数除法

整数乘法产生一个 32 位乘积。双整数除法指令把两个 32 位双。

整数相除产生一个 32 位商，不保留余数。

整数乘法和除法指令如图 7.20 所示。

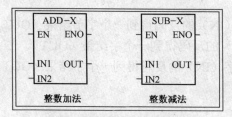

图 7.19　整数的加法和减法指令

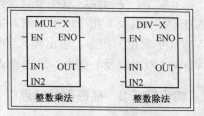

图 7.20　整数的乘法和除法指令

5．字节增和字节减

字节增（INCB）或字节减（DECB）指令把输入字节（IN）加 1 或减 1 并把结果存放到输出单元（OUT）。字节增减指令是无符号的。

6．字增和字减

字增（INCW）或字减（DECW）指令把输入字（IN）加 1 或减 1 并把结果存放到输出单元（OUT）。

字增减指令是有符号的（16#7FFF>16#8000）。

7．双字增和双字减

双字增和双字减指令把输入字（IN）加 1 或减 1 并把结果存放到输出单元（OUT）。

整数递增/递减以及双整数递增/递减指令如图 7.21 所示

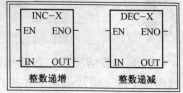

图 7.21　整数的递增和递减指令

（七）SIMATIC 逻辑运算指令

1．字节逻辑运算

ANDB（字节与）指令：对两个输入字节按位进行与操作得到一个字节结果（OUT）。

ORB（字节或）指令：对两个输入字节按位进行或操作得到一个字节结果（OUT）。

XORB（字节异或）指令：对两个输入字节按位进行异或操作得到一个字节结果（OUT）。

2．字逻辑运算

WAND（字与）指令：对两个输入字按位进行与操作得到一个字结果（OUT）。

WOR（字或）指令：对两个输入字按位进行或操作得到一个字结果（OUT）。

WXOR（字异或）指令：对两个输入字按位进行异或操作得到一个字结果（OUT）。

3．双字逻辑运算

ANDD（双字与）指令：对两个输入双字按位进行与操作得到一个双字结果（OUT）。

ORD（双字或）指令：对两个输入双字按位进行或操作得到一个双字结果（OUT）。

XORD（双字异或）指令：对两个输入双字按位进行异或操作得到一个双字结果（OUT）。

逻辑与、或、异或指令如图 7.22 所示。

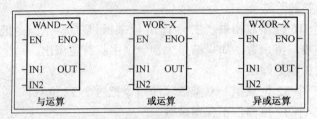

图 7.22　逻辑与、或、异或指令

4．字节取反、字取反、双字节取反指令

INVB（字节取反）指令：求出输入字节（IN）的反码得到一个字节结果（OUT）。

INVW（字取反）指令：求出输入字（IN）的反码得到一个字结果（OUT）。

INVDW（双字取反）指令：求出输入双字（IN）的反码得到一个字结果（OUT）。

➤ 知识链接 3　梯形图的特点

梯形图直观易懂，与继电器控制电路图在结构形式、元件符号及逻辑功能等方面是相类似的，但它们又有很多不同之处。梯形图具有自己的特点及设计规则。

梯形图有如下一些特点：

（1）梯形图按自上而下、从左到右的顺序排列。每个继电器线圈为一个逻辑行，即一层阶梯。每一个逻辑行起于左母线，然后是触点的连接，最后终止于继电器线圈或右母线。

　　左母线与线圈之间一定要有触点，而线圈与右母线之间不能有任何触点，应直接连接。

（2）一般情况下，在梯形图中某个编号继电器线圈只能出现一次，而继电器触点（常开或常闭）可无限次引用。有些 PLC，在含有跳转指令或步进指令的梯形图中允许双线圈输出。

（3）在每一逻辑行中，串联触点多的支路应放在上方。如果将串联触点多的支路放在下方，则语句增多，程序变长，如图 7.23 所示。

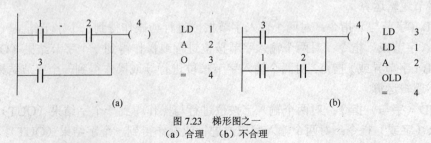

图 7.23　梯形图之一

（a）合理　（b）不合理

（4）在每一个逻辑行中，并联触点多的支路应放在左边。如果将并联触点多的电路放在右边，则语句增多，程序变长，如图 7.24 所示。

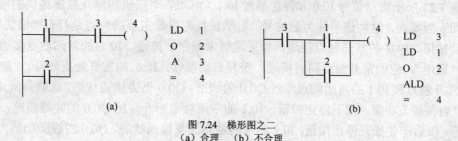

图 7.24　梯形图之二
(a) 合理　(b) 不合理

（5）在梯形图中，不允许一个触点上有双向"电流"通过。如图 7.25（a）所示，触点 5 上有双向"电流"通过，该梯形图不能编程，这是不允许的。对于这样的梯形图，应根据其逻辑功能作适当的等效变换，如图 7.25（b）所示。

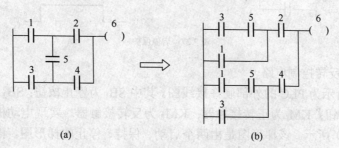

图 7.25　梯形图之三

（6）在梯形图中，当多个逻辑行都具有相同条件时，为了节省语句数量，常将这些逻辑行合并。如图 7.26（a）所示，并联触点 1，2 是各个逻辑行所共有的相同条件。可合并成图 7.26（b）所示的梯形图，利用主控指令或分支指令来编程。

当相同条件时，可节约许多存储空间，这对存储容量小的 PLC 很有意义。

（7）设计梯形图时，输入继电器的触点状态全部按相应的输入设备为常开状态进行设计更为合适，不易出错。因此，也建议尽可能用输入设备的常开触点与 PLC 输入端连接。如果某些信号只能用常闭触点输入，可先按输入设备全部为常开来设计，然后将梯形图中对应的输入继电器触点取反（即常开改为常闭，常闭改为常开）。

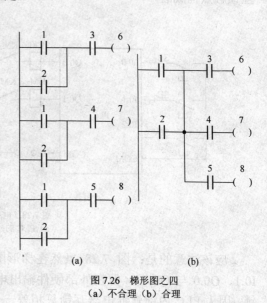

图 7.26　梯形图之四
(a) 不合理 (b) 合理

> **知识链接 4　基本单元梯形图分析**

任何一个复杂的梯形图程序，总是由一系列简单的基本单元梯形图组成的。因此，熟悉一些单元电路，理解和掌握这些基本梯形图程序，对今后编制复杂梯形图程序有很大帮助。

1．启动保持和停止电路

如图 7.27 所示启动信号 I0.0 和停止信号 I0.1（例如启动按钮和停止按钮提供的信号）接通的时间一般很短，这种信号称为短信号。启动保持电路最主要的特点是具有"记忆"功能，按下启动按钮，I0.0 的常开触点接通，如果这时未按停止按钮，I0.1 的常闭触点接通，Q0.0 的线圈"通电"，它的常开触点同时接通。松开启动按钮，I0.0 的常开触点断开，"能流"经 Q0.0 的常开触点和 I0.1 的常闭触点流过 Q0.0 的线圈，Q0.0 仍为接通状态，这就是所谓的"自锁"或"自保持"功能。按下停止按钮，I0.1 的常闭触点断开，使 Q0.0 的线圈断电，其常开触点断开，以后即使松开停止按钮，I0.1 的常闭触点恢复接通状态，Q0.0 的线圈仍然"断电"。这种功能也可以用 S 和 R 指令来实现。

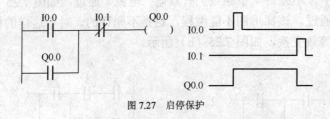

图 7.27　启停保护

2．电动机正反转控制电路

图 7.28（a）所示为 PLC 的外部硬件接线图。其中 SB₁ 为停止按钮；SB₂ 为正转启动按钮；SB₃ 为反转启动按钮；KM₁ 为正转接触器；KM₂ 为反转接触器。实现电动机正反转功能的梯形图如图 7.28（b）所示。该梯形图是由两个启动、保持、停止的梯形图，再加上两者之间的互锁触点构成的。

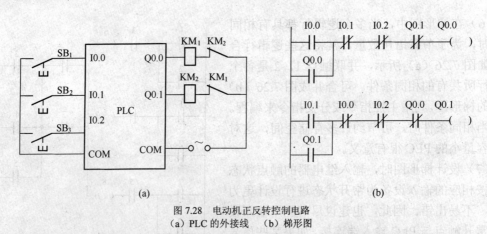

图 7.28　电动机正反转控制电路
（a）PLC 的外接线　（b）梯形图

应该注意的是：图 7.28 虽然在梯形图中已经有了内部软继电器的互锁触点（I0.0 与 I0.1、Q0.0 与 Q0.1），但在外部硬件输出电路中还必须使用 KM₁、KM₂ 的常闭触点进行互锁。因为 PLC 内部软继电器互锁只相差一个扫描周期，而外部硬件接触器触点的断开时间往往大于扫描周期，来不及响应。例如 Q0.0 虽然断开，可能 KM₁ 的触点还未断开，在没有外部硬件互锁的情况下，KM₂ 的触点可能接通，引起主电路短路。因此必须采用软硬件双重互锁。

操作分析

✓ 操作分析1 三相异步电动机点动和自锁控制

1. 实训目的

了解用PLC控制代替传统接线控制的方法,编制程序,控制电动机作点动和自锁控制。

2. 实训设备

(1) THPDX-1型高级电工实训装置;

(2) PDX-11继电接触控制挂箱(一);

(3) DD03-3导轨一根;

(4) DJ24电动机一台;

(5) 计算机一台;

(6) 实验导线若干;

(7) PC/PPI电缆一根。

3. 实训线路

实训线路如图7.29所示。

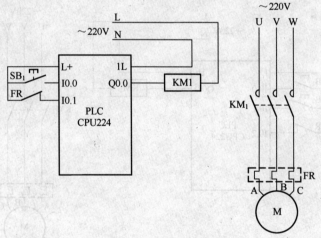

图7.29 三相异步电动机的点动控制

4. 实训步骤

实训步骤如下。

(1) 安装STEP7-WIN软件,在光盘中找到"MicrowinV3.2"文件夹,双击执行安装程序"SETUP.EXE"一路NEXT,即能完成安装。在安装之后再找到工具包"TOOLBOX-V32-STEP7"执行安装文件"SETUP.EXE"。此工具包将把USS和MODBUS的指令库安装到计算机上。完成后再找到"SETP7-Microwin-V32-SP2.EXE",双击后执行安装,也是一路NEXT,只是在选择安装路径时不要与上次所选路径相同。并记清所选之路径,安装完成之后回到刚才所选的路径文件夹中。执行其中的安装文件,在出现的安装对话框中选择Modify,点击NEXT,在出现的语言选择框中选取Chinese,完成后就对此软件进行了汉化。桌面出现一个为

V3.2STEP7MicrowinSP2 的图标，双击进入编程环境。

（2）按图 7.29 正确接线，检查线路（由于使用三相电源，正确的接线才能完成试验，否则有危险）。

（3）按图 7.30 所示梯形图编程。

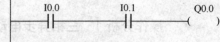

I0.0 启动　　I0.1 过热保护　　Q0.0 继电器 1

图 7.30　点动控制的梯形图

（在以后实验中都会给出实验用样例程序，程序中的输入输出点都与硬件连线相对应，只是为了检验实验设备能否正常使用，同时对学生编程起一定的指导作用。所以提供的样例程序不保证是最简洁、最好的。对于执行同样的功能，可以有多种编程方法实现，每个人有自己的编程风格，因此学生在实训时，建议能够编写出与样例程序不同的程序，同时也要注意在程序变更的同时，外部连线是否需要更改。）

（4）调节调压器输出，使输出电压为 220V，按启动按钮对电动机进行点动操作，比较按下与松开按钮，PLC 输出和电动机的运行情况。

（5）实验完毕，按控制屏"停止"按钮，切断实验线路三相交流电源。

5．自锁控制

（1）按图 7.31 正确接线，按图 7.32 编程，根据样例程序编制梯形图并下载本实验程序到 PLC 中，下载完毕后切换到"RUN"位置。

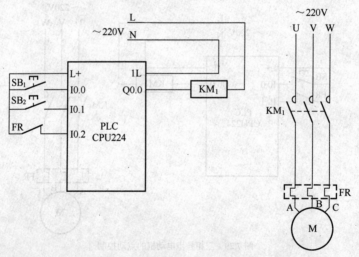

图 7.31　三相异步电动机的自锁控制

样例程序如下：

I0.0 启动　　I0.1 停止　　I0.2 过热保护　　Q0.0 继电器 1

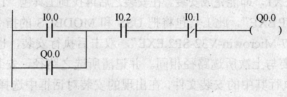

图 7.32　自锁控制的梯形图

（2）调节调压器输出，使输出线电压为 220V，按"启动"按钮，松手后观察电动机 M 是否继续运转，按"停止"按钮，松手后观察电动机 M 是否停止运转。

（3）实验完毕，按控制屏"停止"按钮，切断实验线路三相交流电源。

6．预习思考题

（1）比较两个程序有何区别？

（2）此自锁电路会不会出现在电工电气控制技术中的自锁电路中长时期工作后会失去自锁的现象，为什么？

✓ **操作分析 2 三相异步电动机正反转控制**

1．实训目的

掌握 PLC 程序控制方法，控制电动机作正反转控制，比较与传统正反转控制电路的区别。

2．实训设备

（1）THPDX-1 型高级电工实训装置；

（2）PDX-11 继电接触控制（一）；

（3）DD03-3 导轨一根；

（4）DJ24 电动机一台；

（5）计算机一台；

（6）PC/PPI 电缆一根；

（7）实验导线若干。

3．实训线路

实训线路如图 7.33 所示。

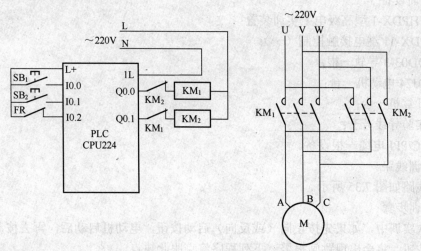

图 7.33 三相异步电动机的联锁正反转控制

4．实训步骤

（1）按图 7.33 正确接线，按图 7.34 所示程序编制梯形图并下载本实验程序到 PLC 中，下载完毕后切换到"RUN"位置。

I0.0 正转　　I0.1 反转　　I0.2 过热保护　　Q0.0 继电器1　　Q0.1 继电器2

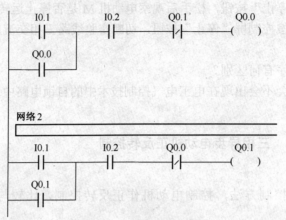

图7.34 正反转控制的梯形图

（2）调节调压器输出，使输出电压为220V，按正向启动按钮，观察并记录电动机的转向和接触器的运行情况；按反向启动按钮，观察并记录电动机的转向和接触器的运行情况；按"停止"按钮，观察并记录电动机的转向和接触器的运行情况；再按"SB_2"，观察并记录电动机的转向和接触器的运行情况。

（3）实训完毕，按控制屏停止按钮，观察并记录电动机的转向和接触器的运行情况。

✓ 操作分析3　三相异步电动机带延时正反转控制

1．实训目的

了解并掌握 PLC 控制电动机作延时正反转的控制方法。

2．实训设备

（1）THPDX-1型高级电工实训装置；

（2）PDX-11继电接触控制（一）；

（3）DD03-3导轨一根；

（4）DJ24电动机一台；

（5）计算机一台；

（6）实验导线若干；

（7）PC/PPI电缆一根设备。

3．实训线路

实训线路如图7.35所示。

4．实训步骤

在上次实训中，如果先按正向（或反向）启动按钮，电动机启动后，再去按反向（或正向）启动按钮，将会出现跳闸报警，下列程序将克服此缺点。

（1）按图7.35所示正确接线，按图7.36所示程序编制梯形图并下载到 PLC 中，下载完毕后切换到"RUN"位置。

（2）鼠笼电动机按星形接法，实验线路电压端接三相自耦调压端 U、V、W，调节供电线电压为220V，按正向启动按钮，电动机正向启动，观察电动机的转向及接触器的动作情况。

（3）不按停止按钮，直接按反向启动按钮，观察电动机的转向及接触器的动作情况。

（4）电动机反向运转后，不按停止按钮，直接按正向启动按钮，观察电动机的转向及接触器的动作情况。

（5）电动机停止，同时按"正向"和"反向"启动按钮，观察有何情况发生。

（6）比较此电路与传统延时正反转控制电路的区别。

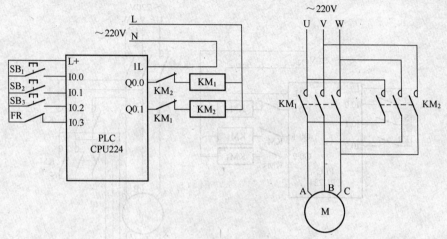

图 7.35　延时正反转控制电路

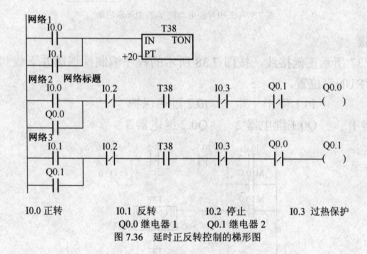

I0.0 正转　　　　I0.1 反转　　　　I0.2 停止　　　　I0.3 过热保护
　　　　　　　　Q0.0 继电器 1　　Q0.1 继电器 2

图 7.36　延时正反转控制的梯形图

✓　操作分析 4　三相异步电动机 Y-△型降压启动控制

1. 实训目的

了解并掌握 PLC 控制电动机做 Y-△型换接启动控制方法。

2. 实训设备

（1）THPDX-1 型高级电工实训装置；

（2）PDX-11 继电接触控制（一）；

（3）DD03-3 导轨一根；

（4）DJ24 电动机一台；

（5）计算机一台；

（6）实验导线若干；

（7）PC/PPI 编程电缆一根。

3．实训线路

实训线路如图 7.37 所示。

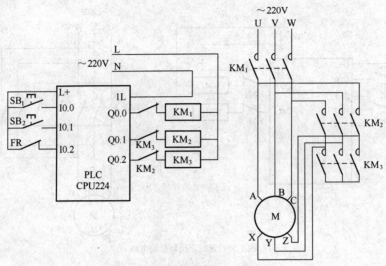

图 7.37　三相异步电动机 Y-△型降压启动

4．实训步骤

（1）按图 7.37 所示正确接线，按图 7.38 所示的程序编制梯形图并下载到 PLC 中，下载完毕后切换到"RUN"位置。

I0.0 启动　　　　　I0.1 停止　　　　　I0.2 过热保护

Q0.0 继电器 1　　　Q0.1 继电器 2　　　Q0.2 继电器 3

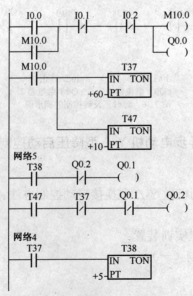

图 7.38　Y-△型换接启动控制的梯形图

（2）按启动按钮后，继电器 1 吸合，再过 1 秒之后，继电器 3 也吸合，电动机作星形连接。

（3）过 5 秒之后，继电器 3 断开，再过 0.5 秒之后，继电器 2 吸合，电动机作三角形连接。

思考与练习

1. PLC 编程控制器有何作用？它主要由哪几部分组成？

2. 编制 PLC 梯形图有什么要求？说明图 7.24（b）与 7.25（b）为什么不合理。

3. 若某电梯关门 3 秒后方能上行，请画出其 PLC 梯形图。

4. 某电动机既要能点动控制，又要能自锁控制，请画出 PLC 外部接线及梯形图。

参 考 文 献

1 尚艳华. 电力拖动. 北京：电子工业出版社，1999
2 袁维义. 电工技能与实训. 北京：电子工业出版社，2003
3 技工学校机械类通用教材编审委员会. 电工工艺学. 北京：机械工业出版社，1991
4 刘子林. 电机与控制. 北京：电子工业出版社，2003
5 李道霖. 电气控制与 PLC 原理. 北京：电子工业出版社，2004